人生辩证法之浅谈

苏维迎 著

线装書局

图书在版编目（CIP）数据

人生辩证法之浅谈／苏维迎著．—北京:线装书局,2021.11

ISBN 978－7－5120－4785－3

Ⅰ.①人… Ⅱ.①苏… Ⅲ.①人生哲学—文集 Ⅳ.①B821-53

中国版本图书馆 CIP 数据核字（2021）第 221463 号

人生辩证法之浅谈
RENSHENG BIANZHENGFA ZHI QIANTAN

著　　者:苏维迎

责任编辑:姚　欣

出版发行:线裝書局

　　　　　地　　址:北京市丰台区方庄日月天地大厦 B 座 17 层(100078)

　　　　　电　　话:010－58077126(发行部)　010－58076938(总编室)

　　　　　网　　址:www.zgxzsj.com

经　　销:新华书店

印　　制:三河市华东印刷有限公司

开　　本:710mm×1000mm　　1/16

印　　张:17

字　　数:260 千字

版　　次:2022 年 3 月第 1 版第 1 次印刷

定　　价:68.00 元

线装书局官方微信

前　言

十多年前刚退休，我就萌生写作《人生辩证法之浅谈》的想法，这种书对我来说是压力山大，但我认为很有必要，它对于走好人生路，很有意义。因而开始了著作的构思、内容安排、篇幅的布局以及查阅并收集有关素材，现在终于成书，可以和读者见面。

一生忙忙碌碌，接触无数的人，做无数的事。然而，社会的效果千差万别，有的人干出了惊天动地的事业；有的人默默无闻，一事无成；有的人做了伤天害理的事，走上了犯罪道路。究其原因是多方面的，但主要的须从自身找原因。

古今中外，关于人生方面的研究和著作不计其数，从不同的角度、不同的侧面提出了许多真知灼见。因为时代的变化，各人情况的不同，每个人的人生路不同，社会效果不一样，个人的感觉也不一样。

当今时代，物质财富基本上满足人们的生活需要，但很多人还是觉得人生没有意义，根本问题是精神空虚，心灵贫乏。心灵的充实和丰富，精神的补钙才是主要的。人生问题不能单纯从人生论人生，必须从哲学从辩证法这个制高点、最高层面去分析看待。人生是什么，人生怎么样，人生怎么办？本书为此目的，因此而命名。希望能在新的时代为人生定位和定向的同时，提供心灵营养以及营养的源泉，这是写作的初心。

恩格斯的《自然辩证法》指出："辩证法是关于普遍联系的科学。"

本书谈及人生问题的九十个点，从每个点的分析和叙述，说明每一个点都与其他的点有着不同程度的联系和关联，比如，自我与生命、发展、社会、智慧、自然等都有关系，这符合恩格斯关于辩证法的定义。其实，人是万维的，人本身的关系点远远不止九十个点。人生与自然万物、社会的方方面面以及人的多种属性都有关系。人生是辩证的一生，辩证的关系构成人的一生。

　　书中，人生有关的九十个点的字义、机理、作用及其辩证的分析，说明其各自都是一个矛盾，同时说明中国语言文化的博大精深，是任何一种语言都无法比拟的。书中的篇和节组成不同的矛盾体，即人生总矛盾体由自然、社会、自己三个矛盾体（篇）组成，也即由三十个矛盾亚体（节）所组成。每个矛盾亚体（节）有三个点（即矛盾），同时又指出最为敏感、特殊、重要的三个问题，并做了分析、叙述。正如列宁在《卡尔·马克思》指出的"因此，在马克思看来，辩证法是一门关于外部世界和人类思维的运动的一般规律的科学"。人生的思维和活动与自然、社会、人的关系构成的矛盾和矛盾体的运动，推动人生的发展变化，比如自然、万物与人类；社会、关系与秩序；生命、生存与生活等。对自然、社会要感悟、适应，顺势而为，才能不断塑造出精彩人生。人生矛盾和矛盾体的运动体现辩证法的对立统一、量变质变、否定之否定规律，也符合东方太极哲学的阴阳对立旋转，一生二、二生三法则以及互联网的阴阳、虚实，又有自然、社会、自我的全新时空辩证观。

　　矛盾的法则，一分为二，合二为一；一分为三，合三为一；一分为多，合多为一。任何事物都是多维的，人是万维的。起码是三维的，作为人生的矛盾体，全文以一分为三，合三为一布局。比如，人生矛盾总体包含三大篇（矛盾体），自然、社会与自己；矛盾亚体（节）三个点，如宗教、迷信与死亡，男女、情爱与婚姻，信仰、信念与信任等。还有人生的任何三个点都可以组成一个矛盾亚体，如宗教、关系与生命，哲学、文化与理想等。时代是主体的时代，社会是主体的社会，人生的主体是自己，自己是人生的主体。矛盾及矛盾体运动变化的核心和动力来自对立统一规律，也与辩证的矛盾法则，东方道学的整体观、平衡观、辩证观以及互联网整体、平衡哲学观相吻合。这样，人生应该而且必须反思总结过去，科学乐观对待现实，满怀信心有计划地迎接未来。人生是复杂的，关系盘根错节，要把握好关系，坚定信念，果断前行，才能见彩虹。

书中，人生从篇到节再到点的叙述，与矛盾总体到矛盾体再到矛盾亚体以至矛盾的格局相吻合，反之亦然。可见，人生受到自然、社会及其人的关系的支撑和影响，人生的每一个思路决策和行动都牵涉自然、社会及其人们。大矛盾体、大道理支撑和影响小矛盾体、小道理及其矛盾，矛盾及小矛盾体构成关系到大矛盾体。这与我国太极哲学和互联网的本质是关系的辩证思想相吻合。它要求人做任何事都要以天地人为准则，按规律办事，这样老天就"眷顾"我们，"祈祷"我们，我们才能塑造如意的人生。

书中每一篇的首尾点，分别是自然……智慧、社会……发展、天道……实践。这说明了自然必然轮回到智慧的人生；社会自然会自由而又全面地发展；天道必须感悟适应，为了理想，在现实中实践人生。从这种情况看，自我的人生好比圆心，自然、社会及其人是观点、准则，存于内心，它表示球体的半径及其格局，其他的智慧、发展和实践便是格局上形成的人生状况，形成球体，也就是球体哲学。人生的任何三个点都可以形成一个球体，它体现了人生张力的大小，人生的作为，以及对社会的贡献。

书中人生的三十个节都有说明，都可查到。其中的"网络、人文与韬晦""生态、圆融与智慧"；"同和、共体与传承""自由、全面与发展"；"求真、求和与求好""学思、行悟与创新"，它们说明，自然通过网络必将轮回，回归人文与生态，回归人类必须有的智慧；社会经过几千年的折腾，应该自由与全面地发展，人也应该这样；利用感悟、反思天道，加上必须用时代理念的"真和好"和"行悟创新"，丰富原本的"真善美"和"知行合一"观念，在现实中实践理想的人生。这里特地提出来，对于人生会有所帮助。

关于人生问题的探讨，是永恒的话题。人生问题，永远在路上。随着时代的发展，会提出更有价值、更有意义的人生思考。本书提出的人生的辩证哲学思考，重点在这里叙述，目的是在阅读时有一个总体轮廓。另外，本书想起到抛砖引玉的作用，以期达到对人生辩证发展的更深入探讨。

谨以此书的出版作为庆祝中国共产党成立 100 周年的献礼。

苏维迎于泉州

2021 年 6 月

目 录
CONTENTS

第一篇 01

人与自然的辩证关系

一、自然、万物与人类

自然，指宇宙一切事物的总体。宇宙，泛指物质和时空。

现代宇宙学中的主流观点认为宇宙的起源，是一次大爆炸，是由一个密度大且温度极高的状态演变而来的，并经过不断地膨胀达到的状态，这种观点被称为宇宙大爆炸理论或奇点大爆炸理论。爆炸产生的气体和云团舞动着、旋转着，聚集成星系。许多科学家认为，宇宙是由大约140亿年前发生的一次大爆炸形成的。

关于自然的哲学，是指人类思考自己所面对的自然界而形成的哲学思想。它包括自然界和人的关系、人造自然和原生自然的关系、自然界的最基本规律等。广义的自然哲学，包含了自然科学。

首先，在古代中国，宗教意识向自然哲学思想的过渡，表现为对"天"的认识的具体化；在古代希腊，则表现为对"始基"的认识的具体化。其次，中国老子的"道"被用来指万物的本原；赫拉克利特的"道"被用来指火与万物相互交换的过程，而巴门尼德的"道"则用来指认识万物的途径。在综合程度上，老子的"道"是最高的，它既是"有"和"无"的统一，又是"动"和"静"的统一。而赫拉克利特和巴门尼德的"道"则阐发了一和多、对立面的斗争与统一，或者开始意识到现象与本质之间的区别，因而显得更具体和明确。最后，在中国，目的之导入自然，表现为天的理法化，其契机是寻找天道的依据，以附会人事和学说；在希腊，则表现为把神意强加于自然，其契机是寻找自然的作用因，以解释自然的生成。目的之导入自然，在战国的五行说中，以人为本位；在柏拉图的自然学说中，则以神为本位。

自然包括天然、事物的自由发展变化以及人的自然本性和自然情感等的意思；自然，在道教教义中是指"道"的存在、运动、变化的一种特性或状态。

自然，从广义看，指具有无穷多样性的一切存在物，与宇宙、物质、存在、客观实在等范畴同义，包括人类社会，通常分为非生命系统和生命系统。自然，从狭义看，指与人类社会相区别的物质世界，即自然科学所研究的无机界和有机界。

中国人认为，自然是一个有机体的过程，即自然及其万物是一个整体，其组成部分既互相作用，又同时参与同一个生命过程的自我产生和发展。因而自然观具有连续性、动态性和整体性的特点。

恩格斯花了10多年时间，依据自然科学史的广泛材料，研究了著名自然科学代表人物近百部的著作，对自然科学获得的大量成果进行科学概括，形成了《自然辩证法》，确立了辩证法的同时又阐明唯物的自然观，并建立了各门科学互相之间的正确联系。

恩格斯研究认为，宇宙从旋转的、炽热的气团中，经过收缩和冷却，发展出了以银河最外端的星环为界限的宇宙岛的无数个太阳和太阳系。整个自然界，从最小的东西到最大的东西，从沙粒到太阳，从原生生物到人，都处于永恒的产生和消失中，处于不断的流动中，处于不息的运动和变化中。第一个细胞的产生，也就有了整个有机界的形态发展的基础。从最初的动物的进一步分化而形成了动物的无数的纲、目、科、属、种，又发展为脊椎动物的形态，而最后在脊椎动物身上获得自我意识的人。人也是由分化而产生的。经过多少万年的搏斗，手脚的分化，直立行走得以最终确定下来，于是人和猿区别开来。基于分明的语言和人脑的巨大发展，人和猿之间的区分就更明显了。手的专业化意味着工具的出现，而工具意味着人所特有的活动，意味着人对自然界的具有的反作用，意味着生产。随着手的发展，头脑也一步步地发展起来，单独手是永远造不出蒸汽机的。

中国人关于宇宙万物及其形成的看法与马克思主义关于宇宙万物的生成的科学论断是相互吻合的。中国人早就预言宇宙大小：其大无外，其小无内。这是中国先哲们在两千多年前的天人感应，绵延不绝流传下来，也已被后来的科学所证明。

万物，统指宇宙内外一切存在物（即物质）；狭指地球的一切存在物。"万物"只包含"物"不包含"事"，所以万物指的物不是事。

万物，不过是最基本粒子组成的不同形态的具有各自特定机能的物体。死后，粒子组成结构形态发生改变，然后物质和能量消耗于空间。万物是客观存在的。

宇宙开始造星球，造星球的目的是造生命，于是有了简单的生命，有了植物，有了动物，有了鱼，最后有了人。万物都是上天的工具，包括人类。动物的食欲是为了生存，性欲是为了繁衍，一代又一代。

宇宙是一个蕴含着巨大能量的磁场体，不断对身处其中的万物产生影响，万物也处在不停地相互作用中。宇宙的巨大能量对事物的影响是潜移默化的，所以万事万物的运势也是不断变化的。万事万物都不可能无端出现、无端消失，根据能量守恒定律，能量只能转化，不会消失。任何生物即使死亡，肉体和其中的能量都会通过不同的方式进行转化。肉体进入泥土重新参与世界生态系统，而内在能量则转化为我们所不知道的形式。

中国人认为，"道"是万物运行的平台，亘古不变；万物是平台上转瞬即逝的运行内容，无常变幻，方生方死；何为万物？不只是一切所看到、听到、感受到的物质世界，还包括能看到、听到、感受到的功能世界。而这一切的展示都离不开"道"这个本体的存在。也就是说，一切的存在和不存在都是"道"用，属于内容的范畴。

中国古代说天象，天象会决定地上的命运，也就是宇宙影响其中万物的运转，所以病毒会来，病毒终将会走。该来就来，该走就走。天道自然，循环往复。

道是独一无二的，道本身包含阴阳二气，阴阳二气相交而形成一种适合的状态，万物在这种状态中产生。万物背阴而向阳，因为阴阳二气的互相激荡而形成新的和谐体。

中国人认为，天地万物共同构成一个不可分割的统一的整体。天地的交合生成了自然，赋予人的身体和本性，所有人都是天地生育的子女；不仅如此，万物和人类一样，也是天地所生。因此，他人是自己的同胞，万物是自己的朋友，即"万物一体"的思想。

宇宙的未来就是会消亡，很多实验已经证明，星球的万物都在不停地诞生和死亡，生和死总在寻求一种平衡，万物生死都有它存在的意义。

荀子说："阴阳大化，风雨博施，万物各得其和以生。"（荀子·天论）"和"是万物生成的必要条件，从宇宙生成的角度，提出了对一体和谐的追求。

人类起源于新生代，新生代又分为第三纪和第四纪。理论上人类起源过程分为三大阶段：古猿阶段；亦人亦猿阶段；能制造工具的人的阶段。后一阶段包括猿人和智人两大时期。

1859年，英国生物学家达尔文出版的《物种起源》一书，阐明了生物从低级到高级、从简单到复杂的发展规律。1871年，他又出版《人类的由来及性选择》一书，列举了许多证据说明人类是由已经灭绝的古猿演化而来的。但他没有认识到人和动物的本质区别，也未能正确解释古猿如何演变成人。恩格斯1876年写的《劳动在从猿到人转变过程中的作用》一文，提出了劳动创造人类的科学理论，指出了人类从动物状态中脱离出来的根本原因是劳动，人和动物的本质区别也是劳动。

漫长的时间里，从猿到人过渡期间，人在长期使用天然工具的过程中学会了制造工具。工具的制造意味着经过思考的有意识的活动，这种自觉的能动性是人和动物的最重要的区别，是从猿到人转变过程的飞跃，它标志着从猿到人过渡时期的结束，人类的发展进入了完全形成的人的阶段。

人是自然环境下生存的高级动物，人和自然界万物相互依存，密不可分，谁也离不开谁。自然可以没有人类，但是人类不能没有自然。人类必须适应自然、敬畏自然、利用自然、依附自然、爱护自然、影响自然，和自然共生，与万物共荣。

在人与自然及其万物的关系中，人类处于主动地位。当人的行为违背自然规律、资源消耗超过自然承载能力、污染排放超过环境容量时，就将导致人与自然关系的失衡，造成人与自然的不和谐。这是人类从历史中走来得出的结论。

人与自然的关系，其实在历史的发展过程中我们的先人们也曾不断探索。在一开始，人们认为大自然是世界的主宰者，在原始社会中，人们需要依赖自然而生存，需要自然界中的生物充饥，要看大自然的"脸色"行事。在人类进化的过程中，人类逐渐学会认识自然，利用自然，发明制造工具，农耕播种粮食；也会夜观天象，预测天气变化，利用自然条件给自身带来便利，比如水力代替人力、风车产生力等，学会利用改造自然。随着人类智慧的累积，生产力的发展，人类的自信心开始膨胀，不顾自然规律大肆地开发利用自然资源，等到一系列问题开始暴露出来：资源的短缺，环境的污染，才开始反思自己的行为，意识到"人定胜天"的观念是错误的。在现今的社会，人们终于认识到人类与自然是辩证统一的关系。

人类从遥远的洪荒时代走到如今的文明时代，历经了几个阶段，不断修正自身对自然的认识。人类通过自身的智慧利用自然创造了巨大的财富，同时也给今天的世界带来了巨大的灾难和隐患。人类从贪婪中逐渐醒来，终于认识到人与自然及其万物是矛盾的统一体。人与自然及其万物应该而且必须和谐共生，协调发展。这就是我们中国古代的"天人合一"的思想。

人类只是自然的一部分，不是万物的尺度。

关于自然、万物及其人类问题的分析，启示如下：

（一）人是天生地养

"天"是万物的根源，"天"是宇宙、是自然。地球是自然的一部分。万物不是由神或上帝创造的，而是一个自然的过程，由天"生"，自然而生。万物都靠"地"养，尤其是我们人类的生命，植物、动物也好，没有"地"怎么生存，怎么长大呢？万物由"天"生，靠"地"养。

人是自然脱胎而来，其本身就是自然的一部分。人类的存在和发展，一刻也离不开自然。没有自然，人类就不能呼吸空气；没有自然，人类就不能饮水，那么人类就会灭绝。人类必然要通过生产劳动同自然进行物质、能量的交换，因而人与自然之间客观上形成的依存链、关联链和渗透链，必然要求人类在认识自然、改造自然、推动社会发展的过程中，不仅要自觉地接受社会规律的支配，同样要自觉地接受自然规律的支配，促进自然与社会的稳定和同步进化，推动自然与社会的协调发展。这是一方面。

另一方面，人与自然之间又是相互对立的。人类为了更好地生存和发展，总是要不断地否定自然界的自然状态，并改变它；而自然界又竭力地否定人，力求恢复到自然状态。人与自然之间这种否定与反否定、改变与反改变的关系，实际上就是作用与反作用的关系，对这种"作用"的关系处理得不好，特别是自然对人的反作用在很大程度上存在自发性，这种自发性极易造成人与自然之间失衡。此外，由于人类改造自然的社会实践活动的作用具有双重性，既有积极的一面，又有消极的一面。如果处理不好，要么自然内部的平衡被破坏，要么人类社会的平衡被破坏，要么人与自然的关系被破坏，因而受到自然的报复。因而我们不要陶醉于对自然界的胜利。对于自然，我们人类先必须感恩，而后与自然和谐共生。

人是天生地养，必须摆正自己的位置。

（二）疫情必须引起人类的深刻反思

2020年1月15日，距离我国春节还有10天，国家疾控中心启动一级应急响应，中国抗疫之战从此拉开帷幕。新冠病毒正式向全球人民展现出它的獠牙。疫情波及全球，不分国界、人种、地位高低，长驱直入，无所阻挡，给了人类重重的一击，让人类深深地震动。

自从人类成为地球的主宰以后，便开始了无休止的疯狂掠夺，不断地繁衍，扩大自己的领地，不断地侵占生物的生存空间，破坏了生态平衡。起初，人类只是为了生存，后来是为了更大的利益。人类对地球的破坏终究为自己带来了恶果，SARS、埃博拉病毒、H7N9、新冠病毒、东非蝗灾、澳洲山火、巴西出现的神秘新型病毒，等等。其实，2003年的"非典"早已提示过我们，要善待动物，要与自然和平相处。这也让人类意识到，在自然灾难面前，人类是如此的渺小以至不堪一击。

从这次疫情，人类应该猛醒，要常怀敬畏之心，始终坚守尊重自然、尊重万物、尊重生命、遵循自然规律。人类并非万物的主宰，人和自然的关系不是征服与被征服的关系，人与自然及万物是和谐共生的关系。

新冠疫情应该而且必须唤起人类的深思！

（三）"人"这个主人务必当好

地球是宇宙里的一颗尘埃，甚至连尘埃都算不上。人类只不过是地球上一种脆弱的生命，任何一个物种，比如有毒的植物、饥饿的动物、烦躁的病毒，都能对人类形成围剿。天地赋予了人类智能才能存活。凭借天赐智能，又通过劳动，创造了人本身，成了地球的主人。但这个主人不好当，要确定好自己的定位，不是随心所欲、为所欲为的主人。

这个主人要当好，首先，要管好自己，自己的所有行为和活动要自我约束。不要浪费，不浪费土地、水、电等，这是自然给予我们的恩惠，我们要珍惜。

另外，万物是朋友，不能滥杀无辜，不能乱砍树木，不能滥杀野生动物，特别是珍稀动物。确实需要，利用也要有个度，讲究开发利用的方式方法。

其次，环境是我们生存的空间，是我们的家园。对可能引起污染的事，人类要自己严格控制，不然教训是十分惨痛的。特别是大型项目的建设要慎之又慎，充分论证认真研究，严格控制和加强管理。

作为自然的主人，你拥有了智慧，你要珍惜，感恩天地。要深入系统全面地研究人与自己的关系、人与社会的关系、人与自然的关系，这些关系弄清楚了，人的关系融洽了，自己约束自己了，才能避免盲目，成为自觉的人类，从必然王国迈向自由王国。

二、道法、图说与灵魂

　　道法，泛指宗教的学说与法术，属于社会特殊意识形态。旧时人对自然的未知及探索，使人对超自然的神秘力量或实体，产生敬畏及崇拜，从而引申出信仰认知及仪式活动体系，拥有自己的神话传说，彼此相互串联，成为一种心理寄托。

　　道教是中国主要宗教之一。《周易》为五经之首。道法自然，这是无神论。2600 年前，在世界东方同时出现老子和释迦牟尼两个强大的灵魂，简单揭晓了宇宙和人生的奥秘。这个奥秘，就是道。

　　老子一生中仅写了《道德经》一篇文章，只有 5000 余字，却把人世内外的事儿都说透了。这是迄今世界上流传最广的一篇文章，汉语校订本有 3000 多种，被翻译成 1000 多个外文版本，它能让普通人感受到灵性的存在，并通过灵性改善人类。

　　与此同时，在印度也出现了一个人，叫释迦牟尼。他与老子素不相识，但几乎知道对方的存在以及对方在想什么。释迦牟尼是世界上第一个完全得道者，后人尊为佛祖。无论是天道的宇宙观还是人道的生死观，他们的学说都高度重合、如出一辙。他们说，人人可以得道，人人可以成佛成仙。

　　老子《道德经》第二十五章载有，"人法地，地法天，天法道，道法自然"。这里的道法的"自然"是自然而然的自然，即"无状之状"的自然。人受制于地，地受制于天，天受制于法则，法则受制于自然。

从这里可以看出老子的法的意识里，就是自然法，他主张天下的治理最终必须是自然，这也就是社会回归的必然性。

老子的"道法自然"。"道"虽是生长万物的，却是无目的、无意识的，它"生而不有，为而不恃，长而不宰"，即不把万物据为己有，不夸耀自己的功劳，不主宰和支配万物，而是听任万物自然而然发展着。

每个人都活在自然里，自然界依据"道法"构成宇宙。道不是人为的，它是生命和自然之间唯一的联络密码，中间没有语言，也无法借助语言来周转。

道是天地内外所有的规律和非规律、法则和非法则汇集而成的宇宙根本法则。道的力量无穷无尽、无处不在，能把宇宙奥秘直截了当地展示出来。道，就在那里。你不靠近它，它也不会理你；你去向它索取，它也不会吝啬。你感知了道，它就帮助你，一刻也不耽搁。道在一念之间，它简单、实在，能被每个人感知，它是那些最简单、最基本、最实用的行动指南。

在道家学说里，水为至善至柔；水性绵绵密密，微则无声，巨则汹涌；无人无争却又容纳万物。人生之道，莫过于此。

道法自然，道为一切法则中的法则。

太极图就是用来研究周易学原理的一张重要图像。

太极图起源于史前文明，到了宋朝才最终成型。

太极图是东方道学的思维工具，也是人世模型，用太极图可以画出世间的一切。

太极图并非阴阳二元。决定性的另外二元，是外边的圆圈和内部的曲隔。

太极图中，阴阳两个表面上的主体部分，代表任何两种可以产生矛盾对立的存在。

中间 S 型的曲隔，代表虚幻的权威或现实的规范。

外围的圆圈，代表精神的宗法或物质的边境。

太极图的常态，是旋转。这是自然永恒的变化。旋转的动力，来源于道。旋转形成的状态，正是人们所热衷的真相。

阴阳的观念在西周初年就已经出现，最初是指日光照射的向背，向日为阳，背日为阴。《易经》中把阴阳作为整个世界中的两种基本势力或万物之中对立的两个方面。《系辞》说"一阴一阳之谓道"，指阴阳的对立分别与交互作用，是宇宙存在变化的普遍法则。《说卦》把阴阳普遍化，《庄子》中已经有阴阳生成论。西周末期，已把阴阳的观念和气的观念结合起来。荀子认为："天地合而万物生，阴阳接而变化起"（《荀子·礼论》），认为阴阳的对立互补是世界存在与变化的根源。汉代以后，阴阳的观念已成为中国哲学根深蒂固的基本特征。

太极图构成了中国古代哲学的全部数理系统，支撑了中国人的思维和逻辑，体现了完备、均衡、安全、满足。

道无生万有、无极生太极、太极生阴阳，阴阳演化万物是宇宙万生万有的模式。太极的表象形式是由阴阳两部分构成的统一体。无极大道所生出的太极，是一气含三、一元四素（象数理气）的物质表象复合体，是生育、滋养宇宙万物的能量源泉，是一切生命结构的主宰。

宇宙是多种物体相互联系的总体，阴阳彼此为对方提供存在条件，阴阳的互相结合构成世界及其运动。英国汉学家葛瑞汉指出："中国人倾向于把对立双方看成互补的，而西方人则强调二者的冲突。"中国文明的古老阴阳平衡思维不仅是中国的基本思维方式，对于现代仍然有其普遍的意义。

太极图是线条最简洁、图像最简单的图案，同时它又是最博大精深、内涵最丰富、造型最完美的图案，古今中外没有哪个图案有如此深刻的意境。

太极图可以揭示出宇宙、生命、物质的起源及其发生、发展、运动的自然规律性。

灵魂存在于宗教思想中，它指人类超自然及非物质的组成部分。

宗教都认为灵魂居于人或其他物质躯体之内并对之起主宰作用，大多数信仰都认为亦可脱离这些躯体而独立存在，不同的宗教和民族对灵魂有不同的解释。

部分科学家的看法是，意识（灵魂）只是大脑的一种综合功能。灵魂（意识）是存在的，但只存在于有生命的活体中，主要是大脑。他们都认定的一点是：当生命停止后灵魂也消失了，因为神经的活动和新陈代谢如同其他组织器官的活动一样也都停止了。

2015年5月，仲昭川出版的《互联网哲学》关于灵魂的研究，很值得人们的进一步思考。该书认为，灵魂是存在的，灵魂产生智慧。求道者们在怀疑中相信，在相信中怀疑，心中拥有一个阴阳旋转的太极世界。他们的灵魂在成长，并享受解脱的过程。灵魂本身无关精神遗产的存在。

灵魂和生命都是能量，都有持续的惯性。不管灵魂存在的形式如何，强大的灵魂力量，始终被每个生命所感知。

灵魂的核心是元神。人的元气相差无几，但元神却大不相同。元神是智慧的标签。

灵魂是人的精神生产的真正所在地，每个人在这里直接面对永恒，追问有限生命的不朽意义。人身上所渴望和追求的核心是灵魂，而不是肉体或理智。人的灵魂渴望向上，就像游子渴望回到故乡一样。灵魂的故乡在非常遥远的地方，只要生命不止，它就永远在思念、在渴望，永远在回乡的途中。

灵魂来自自然至深的根和核心。人的人生质量取决于灵魂生活的质量，它比肉身生活和社会生活更为本质。

灵魂是原始而又永恒的生命在某一个人身上获得了自我意识和精神表达。也可以认为是普遍性的精神在个体的人身上的存在，或超越性的精神在人的日常生活中的存在。

按照唯物推理和唯心猜想，宇宙分为六种世界：器物世界、身见世界、思见世界、幻见世界、证见世界、灵见世界。器物世界是科学研究的对象。身见世界基本已脱离科学范畴。至于其他四类世界，在科学面前，都是永恒的黑洞。

随着科学的发达和人们认识的提高，灵魂有否存在将会有明确的结论。

通过以上的分析认为：

（一）道法是世间的根本大法

自然界依据"道法"构成宇宙，它是生命和自然之间唯一的联络密码，这也就是说道法是世间的根本大法。对道的诚信，是灵魂的解放。灵魂独立于意识，并支配意识。灵魂并非意识。灵魂作为能量，可以表现为不合人类逻辑的任何形式。世界的结果由行为产生，行为由智慧产生，智慧由灵魂产生，也就是人的一切活动由灵魂产生，而道法是世间的根本大法，所以灵魂应该而且必须以道法为指导法则。

道法自然。道是根本大法。

自古以来，中华民族以智慧开辟了一条道法的惊世之路，文明长盛不衰。新中国成立以至改革开放，中华民族更是日新月异，是智慧，是道法的智慧，令山河春回大地，日月再现光明。

跨进 21 世纪，中华巨龙飞翔盘旋，身姿威猛，智慧的道法，巨龙腾飞举世瞩目。道法自然，不骄不躁，收获最美风景，实现心中梦想指日可待。道法助力中华民族中国梦的实现，环球世界，必将同此冷热。

（二）太极图是人们思维的模型及其逻辑

太极图近似于现代哲学的对立统一规律，这是东方世界古代人们的智慧总结，是东方道学的思维工具，特别关于阴阳对立互补学说是世界存在与变化的根源。

太极图的内部是一对阴阳鱼，这一对鱼，一阴一阳，阴阳互补；"对立"存在，和谐平衡；但又合二为一，"统一"于一个圆，象征着宇宙万物阴阳互生互化、和谐统一的普遍规律。有的专家把太极图称为太极哲学。

　　世界再也不能是你死我活、零和博弈的时代；"人类命运共同体"把"分道"已久而危险的人类命运，拉回到"共同体"的"和道"上来，寻求人类共同利益和共同价值，协同推进可持续发展的全球价值观；"人类命运共同体"倡导遵守"持久和平、普世安全、共同繁荣、开放包容、清洁美丽"的《世界人权宣言》，将太极哲学推向了世界。

　　以太极图为核心的太极哲学作为中华民族的思维模型及其逻辑，是"人类命运共同体"的基础和核心，它将引领世界走向更加美好的明天、更加生机勃勃的社会。太极哲学更是每一个人人生的重要思维模型及其方法。

　　（三）灵魂是人生的明灯和方向

　　灵魂是人的精神生活的真正所在地，面对永恒，追问生命的不朽意义。灵魂受道法和太极图的支配及约束，来自世界至深的根和核心。灵魂是在某个人身上获得自我意识和精神表达，有灵魂的人不仅爱自己的生命，也必定能体悟众生一体、万有同源的道理。

　　灵魂本是能量。可聚可散，不增不减。灵魂在意识层面被当作心灵。心灵是人道的载体。灵魂在人身上表现为本性、生性、灵性、天性、自性等。

　　灵魂存在于个体身上的普遍性的精神，在人的日常生活中也存在超越性的精神。日常生活大同小异，区别在于人的灵魂，人的灵魂的意义在于人与事物的关系之中，它凝结着人的岁月、希望和信心。

　　人本就是如此，从出生到死去，人生是一场旅程。人生从此岸出发，死的时候便到了彼岸，灵魂是人一生的明灯和方向，回到自己创造的世界中去。

　　灵魂只能独行。灵魂的行走只有一个目标，就是在道法的指引下，找个真正的自己。

三、道解、天人与本能

道是简单的，求道也是简单的。东方道法所提倡的求道，就是把一切简单化。道是本原，就在我们内心。

内在自然，包含了一切。人类唯一的求道方式是内求，从相对完整的局部可以窥知整体。

老子为方便世人感悟，把道拆解：道生一，一生二，二生三，三生万物。

首先，"道"就是我们存在的这个世界中一切事物运行的规律，包括天体、宇宙以及我们的日常事务。按照老子说的"道可道，非常道"来讲，"道"这个东西压根就是说不出来的表述不清楚的，如果能够说出来也就不称为"道"了，所以只可意会。

"一"，是道的本原。

"二"，是我们从太极图里看到的各种二元因素。

"三"，是"天道、物道、人道"，产生我们感到、想到、看到的一切，它们都是外在的。

这句话有如下的几层意思：

第一，说明天下万物由"道"演化而来。从霍金的《霍金的宇宙》《时间简史》关于宇宙是如何演化来的描述，同时结合中国传统哲学《易经》等经典哲学的学习，依据现代科学的发展，就会发现，宇宙万物确实是这样一生二、二生三进化演化而来的。

第二，万物不论如何演化，其中都存有最原始的"道"，也就是说，道是万物存在及其运行的根本。

第三，这里面难理解的是道生一，道如何生一。因为真正的宇宙和世界是存在于我们的心灵之中，能够理解自己会有心灵乍现、突然悟道，那就会理解这个世界的诞生了。

第四，真实的世界远比我们的肉眼和科技所能及之处要广袤得多，但是，无论在哪里都有道，此所谓"万物皆由道生"。

心有灵，则万物有灵。万物之灵，存乎一心。这一心是本心。本心藏于内心，容纳自然万物。

对于得道者，真实是内心直接看到的，不是大脑思考得来的。

心道，引领内在自然感应外部自然，获取宇宙的力量。这就是神秘的天人合一。

天人合一，"天"代表"道""真理""法则"，就是与先天本性相合，回归大道，归根复命。

宇宙自然是大天地，人则是一个小天地。人和自然在本质上是相通的，所以人的一切活动应顺乎自然，达到人与自然的和谐。正如《庄子·达生》曰："天地者，万物之父母也。"天人合一不仅仅是一种思想，而且是一种状态。汉儒董仲舒则明确提出："天人之际，合而为一"（《春秋繁露·深察名号》），成为两千年来儒家思想的一个重要观点。

天人合一是外在自然和内在自然的统一，是最佳生命状态，人人可以达到，人人都有感受过。

简单来说，不断产生灵感的状态，就是天人合一。此时，灵魂与宇宙之间，有能量交互和频率共振，产生强大的直觉和潜意识，可以自动帮助人、驾驭人。意识逻辑是东方思维逻辑。因此，只有在意识逻辑下，天人合一才能成立，终极心愿才能被调动，个体能量才能达到最大。天人合一体现了道，沟通天地间的无尽能量。

天人合一是最佳状态，也是灵魂的最佳状态。天人合一的状态，才是全部的美好和崇高。天人合一，并无你我他。

东方道学倡导的观心之法：通过观察内心，找到本心，从而觉察宇宙的一切真理。包括对"我"的寻找。"我"就是本人，就是灵魂。认识了本人，也就看清了自然：天人合一就是本来的状态。无论前世、现世、来世，不生不灭。

"天人合一"对于解决当今人与自然的矛盾有重要的启发作用。因为"人"是"天"的一部分，破坏"天"就是对"人"自身的破坏，"人"就要受到惩罚。所以，人应该知天，即认识自然，以便合理利用自然；而且应该"畏天"，即对自然界应该敬畏，要把保护"天"作为一种神圣的责任。

本能是指一个生物体趋向于某一特定行为的内在倾向。其固定的行为模式非学习得来，也不是继承而来，而是一种先天行为。

本能之本是灵魂。本能是先天的，也是后天的。本能不依赖学习和锻炼，它依赖人类的元神得以启动。中国的古人，没有仪器也能够感知栩栩如生的《山海经》以及人体经络。

人最后的本能就是生存。生，是把身体保留下来。存，是把基因繁殖下去。任何规则和道德，都不足以抵挡本能的力量。

梁漱溟的《人心与人生》指出："本能是个体生命受种族遗传而与生俱来的生活能力（或其动向），既不能从个体生命中除去之，亦非可于其一生中而获得。……到人类，大脑特见发达，理智大启，其衍自动物祖先的种种本能更大大冲淡、松弛、削弱，甚至贫乏，恒有待后天模仿练习乃得养成其生活能力。"

本能、理智其性质和方式对于不同的生命活动有不同的作用。理智主要表现于人类生活中，本能主要表现于动物生活中，"本能"一般以动物式本能为准。

本能、理智的表现因生物机体构成及其机能不同而有所不同。本能活动紧接于生理机能，十分靠近身体；理智活动则远于身体，与大脑主要相关。

与生俱来，理智也属于本能。本能在生活上各有其特定用途或命意，而理智反之，倾向于普泛之用。虽其势相反，但一源所出，固不相离。本能生活无凭于经验，而理智生活必源于经验。

本能的对象是特定的，理智的用途是普泛及于无限。

本能之知对于生命活动是直接的断定的，理智之知对于生命活动是间接的设定的。

个体生存、种族繁衍两大问题是一切生物的所谓生活问题，这也是动物生命的本能。所有动物凭本能而生活，毕生只是传种于后。只有高等动物，特别是人类有了理智，才从本能之狭隘而向远方开拓。

高等动物因为大脑发达，智力随之发达，生命也从行转向知。

人类因为有了理智，即以理智反观本能，把生存和种族繁衍寄托于本能之上。由于理智的发展，由量变达于质变，人类生命就发生根本性变化，从而突破两大问题的局限，人类不断走向文明和自由的时代。

通过以上分析，我们认为：

（一）求道是人的终身追求

人生活在宇宙中，也就是生活在道中，人必须求道，才能充实我们的灵魂和智慧。道的本原就在我们内心。内在的自然，包括了一切。本心藏于内心，容纳自然宇宙。老子为了使人们感悟，把道拆解了。

其中，"二生三"，"三"是"天道、物道、人道"，产生我们感到、想到、看到的一切，它们都是外在的。"二"生"三"的过程，是道及其有关力共同作用的结果，"三"是会变化的，变化的情况依据作用力的方向和大小。我们人是有心智的动物，在生产生活中有自己的需要和目的，在"二"变"三"的过程中，根据道的运动情况及趋势结合我们的目的和需要，施予恰当可行的作用，也就是本着真善美原则，促使"二"顺当理想地变化为"三"，这样既顺道又满足了我们的目的，这是我们人类永远的追求。

人，生是一次偶然，死是一次必然。活着的过程就是人生的道路，不要求自己走出的每一步都是对的，只要求自己走出的每一步都是无悔的。活着一定要有属于自己的"目标"和"梦想"，给自己的人生画上几道色彩，找到自己存在的价值。为此，我们每一个人，终身要"认道""悟道""求道"。

（二）天人合一是我们人生不断追求的最佳境界

天人合一是外在自然和内在自然的统一，是最佳生命状态。天人合一，不断产生灵感，人产生强大的直觉和潜意识。天人合一体现了道，沟通天地间的无尽能量。天人合一的最佳状态，也就是灵魂的最佳状态。其实，人间的很多奇迹，都是人们在极端情况天人合一状态下而想象、设计、创造出来的，它就是灵感的产生。

天人合一的最佳状态，灵感的产生，不会是突然、凭空、毫无征兆的出现。一般来说，必须是人们全神贯注、全身心投入，终极心愿才能被调动，个体能量才能达到最大。所以，人们为了达到天人合一的最佳状态，创造最好的实践效果，必须专心、用心、尽心。

天人合一的人生境界是一种非常复杂的问题，也是一个亘古常新的哲学话题。它包括人的价值观、世界观、生活方式、处世原则等诸多内容。不同时代、不同阅历的人见解自然不同，因此也没有标准答案。几种关于天人合一的人生境界的知名看法可供参考：中国传统文化的孔子的圣贤人生、老子的无为人生、墨子的兼爱人生；近代冯友兰先生的"人生境界说"是他哲学思想中最为珍贵的一部分；西方人崇尚理性，苏格拉底倡导"认识你自己"；亚里士多德认为"哲学王"是人生的最高境界；尼采则强调"超人境界"是人生的最高境界；精神分析学派创始人弗洛伊德认为人格结构由本我、自我、超我三部分组成，不同人的心理能量对这三种结构分配的不同就构成不同的人生境界。

为了追求天人合一最佳境界，必须根据自身情况，不断磨炼，潜心求悟，找到适合自己的"天人合一"道路，以达到人生的最高境界。

（三）人类必须不断开发理智，成就宇宙生命

生命发展至此，人类乃与现存一切物类根本不同。现存物类陷入本能生活中，整个生命沦为生物图生存与繁殖之两事的一种方法手段，一种机械工具，失去其生命本性，与宇宙生命不相容。而人类不拘泥于两大问题，发展理智，不断发扬其生命本性，奋进不已，成为宇宙大生命。

人类和万物都是受恩惠于宇宙自然而生成的，宇宙自然特惠人类予智能，才能造就现在的人类。理智也属于本能，理智大大加强了人类所固有的一般生物的本能，使人类成为地球上的主人。主人也不好当，要当好主人，就要管好自己，约束好自己，什么能做，什么不能做，能做要怎么做，做到什么程度。人的所有活动都要靠理智，做到有理有据有节，也只有这样，才能成就地球的主人，万事万物点赞。

人的理智的潜力是巨大的，但必须积极不断开发，才能使潜力变成实际的能力。我们认为，首先，要树立远大志向。古人讲"非志无以成学""志不强者智不达""有志者事竟成"。立志就是激励自己走向一条进取、迎难而上、智慧的人生之路。其次，要提高身心健康水平。健康的身体、充沛的精力、愉快的心情可使人的智力机能很好地发挥作用，反之，人的智力活动会受到压抑。再次，培养良好的心理素质。心理素质包括道德品质、意志品质、自信心、责任心等。最后，要学会学习，包括全脑学习、全身心学习、科学学习、创新学习。学习是多方面的，包括向书本学习，向自然学习，向别人学习，向实践学习，向使用学习，向自己学习。学习不仅要学，更重要的是习，习是学的基础上的思考、感悟、领会、创意和创新。学无止境，必须时时学习，处处学习，终身学习。这样，我们的理智水平才会不断提高，才能成就人生的宇宙生命。

四、迷信、欲望与死亡

群居乃至社会生活是决定于人类生命本质的，群居中产生了文明，而以维系团聚此人群的，总少不了对某些对象的崇信礼拜，或者对某些自然现象及其突然事件的某些猜测，从而形成崇拜、迷信、恐惧心理现象，及至在部落、区域或社会上形成迷信。

《现代生活百科全书》上定义迷信为：非理性地相信某种行为或仪规具有神奇的效力。迷信是对某一事物迷惘而不知其究竟，可又盲目地相信其说。"迷信"的含义更多地倾向于"盲目的相信、不理解的相信"。与迷信对立的是科学的方法。迷信活动是长期存在的普遍现象，它始于人们对尚未认识的自然力量的恐惧，以后又为社会的动荡和快速变革而感到不安，于是就以迷信活动来祈求好运，免除灾难。

迷信，以前就是指对神仙鬼怪的盲目信仰，泛指缺少科学论证基础的信仰。迷信从唐代到 21 世纪，已使用千余年，其含义也发生流变，大约还含有两种意思，即自我迷执，对世界上万事万物只用自己相信的一种思维系统对待；另外，指比较贫乏、愚昧落后，或落入迷执无法自拔的精神状态。

对于威猛的自然现象，比如雷、电、洪水、地震、干旱、疫情等，不知什么原因，幻想神灵做主，祈祷求之。同宗、同族、同村、同域各方人士都欣然回应，人类早期某些迷信，随着早期人类的感情脆弱不安的需要而产生，并不断延续传承下来。

人生的生死、祸福莫测难知，也最牵动扰乱人的感情意志。鬼神观念与祈祷行为为一般宗教所不能少，同时，对于生死、祸福产生各种各样的猜测和分析，与鬼神观念紧紧联系起来，形成迷信，在没有知识的人们中就流传开了。费尔巴哈说"若世人没有死这回事，那亦就没有宗教了"，又说"唯有人的坟墓才是神的发祥地"。

人生就是一场迷信。迷信有很多同义词，比如崇拜。信仰、信念、信任这三种精神力量，都可能成为迷信。

面对不确定的价值和意义，所有专心的、长期的精神投入，都是迷信。迷信对象类似于正确时，迷信就成为信仰。

迷信源于欲望。对欲望的有效管理，来自个体的自由意志。自由意志是纵欲的。欲望是世人的发展动力。欲望是自私的，欲望的极端是我，自私的极端是爱。爱的黑洞是欲望集成，欲望是能量。这就是自我信仰的终极状态，形成迷信。

社会必须全面回归科学精神，重视科学方法；提高全民的科学素质，才能不断抵制低俗的迷信。当然，破除迷信是一项长期的艰巨的科学及其普及工作，需要国家、社会和有志之士的不懈努力。社会是科学的社会，才能最终破除迷信。

欲望是由人的本性产生的想达到某种目的的要求，欲望无善恶之分，它是世界上所有动物最原始的、最基本的一种本能，关键在于如何控制。从人的角度说，欲望是人的心理到身体的一种渴望、满足，它同样是一切动物存在必不可少的需求。一切动物最基本的欲望就是生存与存在。简单来说就是爱与不满足。

"生死根本，欲为第一"，欲望的组成部分，是人类与生俱来的。它是本能的一种释放形式，构成了人类行为最内在与最基本的要素。人其实就是性欲驱动下的产物，而新的生命则是这种欲望的发展和延续。

在欲望的推动下，人不断地占有客观的对象，从而同自然环境和社会形成了一定的关系。通过欲望或多或少的满足，人作为主体把握客观与环境，和客观及环境取得同一。在这个意义上，欲望是人改造世界也改造自己的根本动力，从而也是人类进化、社会发展与历史进步的动力。

一个人的生命在诞生之前，本来什么都没有。然而由于男女之间的性欲驱动，性交之后，导致受精卵的产生，进而发育、分娩，形成了人。

生命诞生之后，这个原始的欲望不仅不会消逝，反而会随着时间的发展，在新生命的身上不断演变和繁殖，并以诸如衣、食、住、行，尊重、认可、幸福、自信、自由、快乐等物质或精神的需求形式出现。这些不同的欲望在不同时间、不同地点、不同人身上尽情表演，因而形成了多彩纷呈的世界和千姿万态的人生。

人是欲望的产物，生命是欲望的延续。欲望不会停止，它会伴随人的一生，并遗传给子孙后代。

人类的欲望是无限的。人的欲望是多样的，生存需要、享受需要、发展需要构成一个复杂的需要结构，并随着人们生活的社会环境和社会历史条件的变化而变化。

欲望的过分膨胀是幸福的敌人，人不能迷失于欲望之中。精神上的缺失，灵魂上的空虚，使得人们在自己的欲望里越走越远，渐渐地被黑暗湮没，找不到自己。最后在纸醉金迷的欲望里，不安、痛苦，失去了理想的安定和年华的美好，变得肮脏而丑陋，恶毒而可怕。

印度心灵导师克里希那穆提说："对欲望不理解，人就永远不能从桎梏和恐惧中解脱出来。如果你摧毁了你的欲望，可能你也摧毁了你的生活。如果你扭曲了它，压制它，你摧毁的可能是非凡之美。"人就像一条欲望的溪流，它流淌的不是溪水，而是人的欲望。人类社会却似一个永远不会干涸的欲望海洋，似乎随时都可能掀起波涛和巨浪。人要把自己的欲望控制在适当的程度，并且在欲望里面装上理性的遥控器。

人要成为欲望的主人，主宰自己的生活，掌握自己的命运。

死亡是对生命意义的最大威胁和挑战。人生无论是伟大还是平凡，幸福还是不幸，死亡是最终结局，是任何人生思考绝对绕不过去的问题。

死亡并不是永恒终结，而是人世的终极孤独。人们的恐惧和眷恋是本能。人都希望在死亡时得到关怀，只有真正关怀死亡，才不会恐惧死亡。时刻知道自己会死，人生才会有质量。

灵魂作为能量，即便守恒，也时刻在变化、转化、聚散。死亡，是个节点。从出生开始，就要守护自己的孤独，孤独与死亡，是硬币的两面。死亡，正是回归自然。无论灵魂自何处来向何处去，人世间都是珍贵的一瞬。寻找人世生命的意义，达成灵魂的圆满，是生命的终极追求。东方道学的死亡关怀是伴随终生的。

东方道学关于宇宙和生命的终极结论，直接对应世人的宇宙观、生命观、社会观，超越了生死的智慧系统，形成完整的体系，始终对人类整体发挥作用。

死本质上是孤单的。我们活在世上，与他人共在，死却把我们和世界、他人绝对分开了。在一个濒死者的眼里，世界不再属于他，别人的一切都与他无关。死是各回各的源头。

没有死，就没有爱和激情，没有冒险和悲剧，没有欢乐和痛苦，没有生命的魅力。没有死，就没有生命的意义。剥夺了生的意义的死，又是赋予了生以意义。

我们一个人就是从出生然后走向死亡，这就是我们的结束，如果没有死亡这个点，我们会觉得特别没有意思，就不会有压迫感。

死亡在某种意义上是坐标系，提醒我们因为有死亡所以时间有价值。无数的生命体都将回到 $X=0$，$Y=0$ 的原点，而此前他们到过的地方和做过的事情，被线连接起来，这样的痕迹通常称为他（她）生命的意义。

死亡使人的生命有了一个期限，会让我们更加地珍惜生命，知道生命的可贵。让我们在生命有长度的前提下，不断拓展生命的宽度，做一些有意义的事情，让生命变得更有意义。

通过以上的分析，我们觉得需要：

（一）准确认识迷信问题

以前很多人认为迷信就是封建迷信，必须予以消除。其实，迷信是中性词，而不是贬义词。人生就是一场"迷信"。

对于不确定的价值和意义，进行专心的、长期的精神投入，都是迷信。对于未知的迷信，只是合理的恭敬、安详的追求，而非狂热，这也就是生命的意义——求道。世间很多人一生中执着于科学和事业，极端真诚，自我信仰达到终极状态，受到世人的尊崇。

自从有了人类，人类创造了宗教，也同时产生封建迷信。一些自然现象以及人生的福祸、生死，人们的常识以至后来的科学也解释不清楚，因而有了猜想、神鬼之类的传说，这就是社会常说的封建迷信。也有一些所谓的封建迷信随着科学的发展而被认为是正常的自然现象，比如千里眼、顺风耳和"上九天揽月"等因为通信、电视、手机的应用和月球卫星的发射成功已经是现实的，而不是什么神秘的，或封建迷信的。随着科学的发展，人们认为的部分封建迷信将成为现实。现在还必须加强科学及其普及教育工作，让人们多一些科学的知识。

迷信应该随着时代的发展而有新的认识。

（二）做欲望的主人

从前面的分析得知，欲望是人最基本的一种本能，是人类与生俱来的。在欲望的推动下，人为了占有客观的对象，从而同自然和社会形成了一定的关系，同时取得了同一，因而成了人改造世界也改造自己的根本动力，也是人类进化、社会发展与历史进步的动力。自然、社会和人及人的思维发展到现代这样丰富多彩、美丽诱人，欲望功不可没，这一点应该充分肯定。

欲望在改造世界改造自己的同时，也给人类带来无尽的痛苦和烦恼。人类由于欲望的过度膨胀，曾引发了多少战争？自然对人类的报复还少吗？任何事物都是两面的，欲望也一样，有积极的一面也有消极的一面。关键是要如何控制欲望。

人生一世，必然会有各种各样的欲望，摆脱不了。很多人的欲望是无边无际的，物欲、情欲、权欲、钱欲、支配欲、控制欲、占有欲……为了满足这些形形色色无法填满的欲望而发动战争、尔虞我诈、招摇撞骗、贪赃枉法、贪污受贿……有的受到历史的审判，成为人民的罪人；还有些人活得特别累，总觉得活得不幸福。

欲望像水一样，适当就好，多了就会泛滥成灾。很多人往往把欲望误认为是需要，使自己疲于奔命，越陷越深。欲望是一株藤蔓，你想得越多，做得越多，它便生长得越快，缠得你越紧。你以为你是它的主人，而它却会在你迷醉的时候勒死你。欲望是一条色彩斑斓的毒蛇，美丽却致命，你越是被它吸引便死得越快。欲望对于人，有很大的诱惑力，人要十分清醒，充分认识，做欲望的主人。

人活在世，随着社会的发展，法则法律越来越完善，人的一切活动，对欲望的追求要在法规法律的范围内进行，这就是人的底线，否则就要犯规犯法犯错。另外，要自觉地修行自己，形成强大的内心。修行不是要去深山老林、古庙静寺静坐、练瑜伽、谈佛经、朝拜圣地等，而是在工作中、日常生活中修行，工作生活的情境就是最好的修行之地。这种修行如同走路，边走边认，边问边走，在路上体认良知。修行，就是人用理智去控制自己的欲望，以求得个人的最大利益和快乐。只有内心平静，才不会被腐蚀。还有，重要的一条就是学会放下，只有放下，人生才会拥有快乐。放下，是一种智慧，一种豁达。放下之后，你就可以轻装前进，摆脱烦恼和纠缠，使身心沉浸在轻松悠闲的宁静之中，从而收获幸福。

（三）超越死亡，注重死亡关怀

认真思考过死亡，不管是否获得使自己满意的结果，都好像看到了人生的全景和限度。认真思考过死亡，就形成一种豁达的胸怀，不会把成功和失败看得太重要，快乐时不忘形，痛苦时不失态。

思考死亡，能使自己随时做好死的准备。面对永恒的死，能看穿寿命的无谓，也就尽可能获得了对死亡的自由。我活着，明天将死去，而我要执着于生命，爱护自己，珍惜今天，过一个浓烈的人生；我要超脱生命，参破自我，宽容今天，度一个恬淡的人生。

死是哲学、宗教和艺术的共同背景。在死的阴郁的背景下，哲学思索人生，艺术眷恋人生。

人都希望在死亡时得到最佳关怀，没有什么比死亡更值得关怀。

死亡关怀的自我进行，从出生就开始，守护自己的孤独，并非等到临终。

东方道学，超越生死，摆脱了欲望拖累，灵魂无比强大。临终前，灵魂接近"空"和"无"的状态，那是近道状态，安详离世，灵魂消失。

科学在死亡关怀上也找到很多有效的办法，比如，心理学的催眠疗法，以及终极护理的很多措施。

东方道学的死亡关怀是伴随终生的，人世间都是珍贵的一瞬，每个人都要爱护、珍惜自己的一生，社会应该而且必须尽可能创造条件让活着的人过上舒心、安心、幸福的生活。

五、哲学、心灵与命运

哲学根植于人类对道的领悟，都包括"天道、物道、人道"。哲学是理性的生命体验，能提供世俗愿意接受的逻辑。

哲学面对自然，追问世界的本质；面对人生，追问生命的意义。哲学分别指向我们头上的神明和我们心中的神秘。哲学的价值在于使我们对人世间根本问题的思考始终处于活跃的状态。

哲学是对人类最高问题这个永恒之谜的永恒追索，哲学是对人类永恒故乡的永恒怀念和追寻。它们决心探明宇宙的全貌和本质，在那里找到人类生存的真正意义和可靠基础。

哲学是人类精神的追求，灵魂的追求。它需要我们从所做之事、所过之生活这个局部中跳出来，看世界和人生的全局，从而获得一个广阔的坐标，用于对照和衡量所做之事、所过之生活，用全局指导局部，明确怎样做事和生活才有意义，才能生活得更好。

哲学既寻找信仰，又具有探索，这成为处于困惑中的现代人最合适的精神生活方式。它使我们保持对某种最高精神价值的向往，从而为自己保留了这种可能性，我们的生存状态将会呈现不同的面貌。

周国平先生说："一个好的哲学家并不向人提供人生问题的现成答案，这种答案是没有的，毋宁说他是一个伟大的提问者……因为他的答案只属于他自己，而他的问题却属于我们大家，属于时代、民族乃至全人类。"

　　哲学包含三大部分，即宇宙论、人生论和知识论。宇宙论目的在于探求世界的奥秘；人生论在于探求人生的道理；知识论在于探求知识的内容。宇宙论和人生论关系密切，人生论根据宇宙论。知识论与人生论无极大关系，所以中国哲学没有把知识问题作为哲学之重要问题。

　　哲学是一个古老的名词，有悠久的历史。哲学名词的意义，也就有了很多。一般说来，有广狭二义。

　　就广义的哲学说，人人都有哲学，全是哲学家。对于宇宙或人生，都有各自的见解，自己的意见。你随便问一个哲学问题，有没有上帝？或许有许多说法，有、没有、怀疑、没有研究等，他们分别是有神论者、无神论者、怀疑论者或存疑论者。各个人都有他自己的哲学，也都是哲学家。就狭义的哲学说，有两种情况。一种是断案或结论，一种是前提和辩论。专门哲学家知其然且知其所以然，比如主张有神论的哲学家，不但说有上帝，还会说为什么有上帝，普通人就回答不了为什么会有上帝。

　　冯友兰先生总结的学习哲学的功用有四种：学哲学可以养成清楚的思想；学哲学可以养成怀疑的精神；学哲学可以养成容忍的态度；学哲学可以养成开阔的眼界。

　　人类历史上的一切优秀者，不管属于哪一个领域，必是对世界和人生有自己广阔的思考和独特的理解的人。一个人只有小聪明而没有大智慧，难以成就大事业，古今中外不曾有过。

　　人的一生中，有否接受哲学的熏陶，智慧是否开启，情况大不一样。哲学的作用似乎看不见，摸不着，它对于人生的作用巨大无比，它使我们明白、欢欣和宁静，而不糊涂、烦恼和躁动。

　　哲学始终在寻找信仰的途中，而宗教在一个确定的信仰中找到了归宿。

　　领悟哲学，学点什么，最好的办法就是读大哲学家的原著，看他们在想什么问题和怎样想这些问题。哲学本质上只能自学，自学可以跟随大哲学家的想法，结合自己的所见所闻，畅谈天地山川河流，让我们的思想思维自由飞翔，浮想联翩，触类旁通，找到新的好地方。

历史是时代的坐标，哲学是人生的坐标，

今天的时代，世俗化潮流滚滚而来，裹挟着我们在功利场上拼搏，生活在人生的表面，心中常常为意义的缺失而困惑和焦虑。今天，我们比以往任何时候都更需要哲学来为自己的人生定位和定向。

哲学是理性的生命体验，有必要谈谈心灵问题。

人类与其他动物一样具有先天的本能，而人类具有心灵而区别于其他动物，也正因为心灵而成就为人类。

人类的生活能力和生活方法，主要是后天养成取得的，是因为人特殊的心灵的发展而形成的。

心灵也是一种现实。人生理想，只能是变成心灵现实，才能形成一个美好而丰富的内心世界，以及由之决定的一种正确的人生态度。精神理想的实现方式只能是内在的心灵境界。

心灵和灵魂不是一回事。心灵作为身体功能，警醒我们想什么做什么。灵魂独立于身体，决定我们是什么。心灵是后天习性和先天灵魂互动而生，随身而驻。灵魂是先天的。

人的高贵在于灵魂。作为肉身的人，无高低贵贱之分。作为灵魂的人，由于心灵世界的差异，分出了高贵和平庸，乃至高贵和卑鄙。

心灵和知识是两码事。一个勤奋做学问的人同时也可能是一个心灵很贫乏的人，一个心灵丰富的人不一定是勤奋做学问的人。一个人的精神级别，不是看他研究什么，而是看他喜欢什么。

精神上的顿悟是存在的，但它的种子早已埋在那个产生顿悟的人的心灵深处。生老病死人人所见，却只使释迦牟尼顿悟。一个人本身不伟大，无论什么环境都不能使他伟大。

一个民族在文化上能否有伟大的建树，归根结底取决于心灵生活的总体水平。拥有心灵生活的人越多，其中产生出世界历史性的文化伟人的概率就越大。

当心灵被和谐灌注的时候，当心灵之境照见美丽的时候，当身心洋溢着幸福快乐的时候，悲伤就会烟消云散。

当你面对思想上的敌人，比如恐惧、焦虑、病老思想时，正确的做法是关上你的心灵之门，不让它们进入，让爱的阳光洒满心田，所有的不良情绪就会逃遁无踪。善于用乐观的思想填充心灵的人，会把思想之敌拒之门外。

人的心灵，应该比大地、海洋和天空都更为博大。人可以穷，心不能穷，心里的能源，取之不尽；身可以残，心不能残，心里的能量，用之不竭。

有心就有福，有愿就有力，自造福田，自得福缘。自己的心灵不美的人就无法真正认识美和欣赏美。歌德说："让太阳的光辉消逝，只要灵魂豁然开朗，全世界找不到的东西，可在自己的心中寻访。"

人的心灵是多么的神奇，那么小的空间可以容纳下整整一个世界。心灵使人高贵。心灵为我独有，它是我唯一的骄傲，是我一切力量、一切幸福、一切痛苦以及一切一切的源泉。心灵纯洁，生活充满甜蜜和喜悦。心灵的平静是智慧美丽的珍宝，心灵的安宁意味着成熟和沉稳。

心灵的痛苦更甚于肉体的痛楚。心灵的冷漠是最大的悲哀。心灵必须定期给予营养才行，身体、心理与精神方面的营养都要照顾到。

在一切创造物中，没有比人的心灵更美更好的东西了。

命运通常是指人的宿命和运气，也可以看作事物由定数与变数相结合进行的模式。命与运是两个不相同的基本概念。命为定数，指某个特定对象；运为变数，指时空转化。命与运组合在一起，就是某个特定对象于时空转化的过程。运气一到，命运也随之发生改变。

所谓命运，从命理学上来讲，实际上有两重含义，一曰命，指先天所赋的本性；二曰运，指人生各阶段的穷通变化。命运终生，运在一时，在八字论命法中，所谓运就是指大运，大运是人生中以十年为一期限的各个阶段。

命是与生俱来的，但运却是会改变的。命为人一生之所归，如好命、坏命、富贵命等。运是变化的，运是人一生之历程，在某些时段或顺或逆、有起有伏，如鸿运当头、利运不通等。

孔子说："不知命，无以为君子也。"别以为命运能支配一切，美德的力量可以使它俯首贴耳。命运，在我们的生命期间俨然存在。但是，它不是人类力量无法抗拒的，而会因我们的内心而改变。人生是由自己创造的，能够改变命运的途径只有一个，就是我们的内心。

命运并非机遇，而是一种选择；我们不该静待命运的安排，必须凭自己的努力创造命运。人有时必须服从命运，但绝不能屈服于它。一种命运，也许漫长而又复杂，实际上都反映在某一瞬间。正是在那一瞬间，一个人才永远明白了他自己究竟是什么人。如果我们用意志去把握命运，那么，我们自己就成了命运的主宰。

勇敢的人开凿自己的命运之路，每个人都是自己命运的开拓者。

命运主要由环境和性格两个因素来决定。环境规定了一个人遭遇命运的可能范围，性格则规定了他对遭遇的反应方式。性格即命运。对于命运的评价正如幸福一样，没有一致的标准。老子说："祸兮福之所倚，福兮祸之所伏。"（《道德经》）既然祸福无常，不可预测。对于命运，要求我们在宏观上持一种被动、超脱、顺其自然的态度；在微观上持一种主动、认真、事在人为的态度。

命运是不可改变的，可改变的只是我们对命运的态度。既不低估命运的力量，也不高估命运的价值，和命运做朋友。

世间的遭遇，自己无法完全支配，充满着偶然性。因为偶然性的不同，运气有好坏之别。一个人一生中有运气好的时候，也有运气坏的时候，恰恰是最利于幸福的情形。现实中的幸福，应是幸运与不幸运的结合。

改变命运的重大机遇往往是以一种普遍的人们看不懂的形式出现。事情选对了，越做会越有兴趣，也许就是命运的转机；选错了，原本自己挺擅长挺感兴趣的会变得越来越缺乏兴趣，这也许会失去命运转变的机会。

想改变命运，就要改变心态。怎么改变心态？就是要发现错误，改正错误。心中的恶念、邪念就是错误，你发现错误，改正错误，去发善心，建立正念，这就是改变心态。改变心态而改变命运，也就是改变因果了。

通过以上的分析，我们认为：

（一）哲学必须随着时代的发展而发展

哲学是时代精神的集中体现。哲学是对人类最高问题的透彻思考，是对永恒之谜的永恒探索，所关心的是世界和人生的根本道理。

冯友兰在《北大哲学课》说："通过哲学而熟悉的更高价值，比通过宗教而获得的更高价值，甚至要纯粹得多，因为后者混杂着想象和迷信。在未来的世界，人类将要以哲学代宗教。这是与中国传统相合的。人不一定应当是宗教的，但是他一定应当是哲学的。他一旦是哲学的，他也就有了正是宗教的洪福。"

现在很多人认为哲学已经无用，大谈哲学的危机。哲学是非时代（永恒）、反时代（批判）的，它立足于永恒之根本，批判时代舍本求末的迷途倾向。哲学对政治的影响是缓慢的，但一旦发生影响，就是根本性的。哲学必将带着它固有的矛盾向前发展，一代又一代的人不可遏制地去思考那些没有最终答案的根本问题，并从这徒劳的思考中获得教益。

当今时代，世界发生了天翻地覆的变化，一年的变化相当于以前的几十年甚至上百年。特别是中国几十年来，更是创造了人间奇迹，14亿人从吃不饱到吃饱再到全面小康的变化，人们的思想观念、行为风俗习惯也发生了变化。然而，一些人心里糊涂、烦恼、躁动、世俗化、功利化，认为人生没有意义，这对于国家、民族、家庭和个人是十分有害的。所以，在今天的时代，我们比以往任何时候都更需要哲学来为时代、为个人人生定位和定向。

哲学是永恒的又是批判的。哲学必须吸收时代的精华及科技的发展成就，特别是中国的发展奇迹及其互联网的广泛应用普及，反思和充实原有的哲学思考的路程、方向及重点。同时，现代哲学更必须吸取东方道学的伟大精神，丰富自己。只有这样，现代哲学才能继续为社会、为人类所重视，真正进入千家万户，为人们所喜闻乐见。

（二）心灵必须不断完善

每个人都在构筑自己的心灵世界，营造自己的精神氛围，使人的生活清新、甜美或黯然失色。

精神形象先于现实存在。精神画面被复印到生活里，铭刻在个性中。整个生理机能都在不断地把这些形象、精神画面翻印到生活和个性中去。

心灵之美，是体现人之美的最高表现。心灵美如何表现呢？它是人的综合素质的一个整体体现，由人的生活行为和思想组成，包括责任、爱心、知识等一切与人之活动有关的，且都是向利好的方向去做的。心灵美的人，总会得到旁人的尊敬，总会在生活中不断提高自己的人格，总会在别人需要帮助时伸出援手，做好自己，好好对待别人，并且不断地持续着，心灵得到满足，人格散发魅力。

完善和丰富自我的心灵，首先必须吸取哲学等精神食粮。哲学是关于宇宙和人生问题的思考。学习哲学，对于我们人生是怎么回事，人生从哪里来，到哪里去，宇宙是怎样的，我们怎样顺其自然而且有所作为，同时结合一些科学知识的学习，对于心灵的充实和丰富，有极大帮助。精神丰富了，工作就顺心，生活就快乐。

另外，必须持之以恒、行之有效地坚守自己的思想之门，把一切幸福和成功之敌拒之门外，避开思想敌人在心灵上留下疤痕。心灵的和谐丰富意味着一种圣洁的精神和高贵的灵魂。

还有，让心灵拥抱仁爱乐观。让爱的阳光洒满心田，快乐、仁爱、乐观的情操会让人激动不已，使人精力充沛，给人带来新的勇气、新的希望和一张新的生命契约。

只有心灵的不断完善和丰富，才能造就美好的人生。

（三）做命运的主人

主宰自己的命运，做命运的主人，重要的是要能领导自己，超越、战胜自己。我们不要生活在别人的评价中，走自己的路，凭什么自己的命运要由别人来安排，除了我，别人没有权利。多让笑容占据我们的心，善待自己。也许我们没有办法掌握天气，但我们可以把握心情；也许我们不能号召他人，但我们可以指挥自己；也许我们不能预知未来，但我们可以利用现在。管住自己极为重要。有了他，也许不一定会成功；但是没有他，绝对不会成功。只有做自己命运的主人，才能真正改变自己的命运，我们不可能永远依赖于别人，最后支持并帮助自己战胜一切困难，并取得成功的，一定是内心世界那个坚强的自己。

从自身以外的因素来寻找自己不幸的原因，这最终不仅不会取得任何成果，还会导致个人的尊严、自尊心、自由的丧失。相反，如果你完全地承担个人的责任，那么，你就能自由地创造你的命运。

亨利曾经说过："我是命运的主人，我主宰我的心灵。"人应该做自己的主人，做命运的主人，做心灵的主人。

生活中有的人却不能主宰自己。有的人把自己交付给了金钱、交付给了权利、交付给了上帝、交付给了命运。一个不想改变自己命运的人，是可悲的；一个不能靠自己的能力改变命运的人，是不幸的。

一个人的成功，要经过无数次的挫折、失败和考验，而经受不住考验的人是绝对不能干出一番大事的。很多人之所以不能成就大事，关键就在于无法激发挑战命运的勇气和决心，不善于在现实中寻找答案。任何成功者无不凭借自己的努力奋斗，掌控命运之舟，在波峰浪谷中破浪扬帆。

人生学些哲学，思想就有了关于宇宙、自然以及人生的一些基本常识，给自己找准人生定位和定向，心灵就充实、丰富，人生就会坦然，就能正确认识命运，掌控人生之舟，到达理想的光明的人生彼岸。

六、科学、维商与人性

人类每一次重大的变迁和进步，都是科学的功劳。

科学的神圣，源于理性。理性是科学战胜愚昧的尚方宝剑。理性曾告诉人类：科学是人类认识世界的唯一方式，也是最可信的方式。

西方哲学的重点从意识转移到物质，追求物道，促进了科学发展。在这个过程中，出现了严格意义上的宗教，为现代西方文明的诞生做出了决定性的贡献。不到三百年的人类科技时代所创造的财富，相当于人类有史以来所创造的财富。

科学与哲学的关系，早在工业时代就已经密不可分。哲学建立的逻辑，是科学无法证明的。

人类认识世界的本能，是非学理性。

直指人心的结论，都可称为非学理性的产物，它是直觉的理性。非学理性的工作形式是呈现而非制造，是赤裸裸的智慧。

最初的科学，来自古人的一闪念，即可洞悉真理，这也是古代巫术。科学最终还是要回到直觉和本能上来。科学的结果能反复被证明、再现、量化。古代巫术本身就是草根宗教，很亲民。科学巫术的魅力，恰恰来自不合逻辑的非学理性。

科技本身并不是罪恶，罪恶的是把科技和欲望捆绑在一起，并不断加速推进。

仲昭川在《互联网哲学》中指出："庆幸的是：科学理性始终没有

突破东方道学，使非学理性得到了保留和发展。非学理性是高级的理性。所有重大科学突破，都完全依赖非学理性，并不需要推理、逻辑、数据这些跟人的灵性不相干的东西。"非学理性是一眼看穿真相的基本生存能力，东方道学的这种智慧，能在瞬间完成终极揭示，不借助任何调查研究，不借助任何实验数据。

科学成果积累，表面上看带来了进步、繁荣了社会、拉近了人和自然的关系、缩短了人和真理的距离。人类迄今为止的科学努力，收获巨大。但是，这都是局部得逞。本质上，眼前的科技成果很快会被下一个成果推翻并淘汰。

科技被资本圈养，成为财富的奴隶，会对人类造成不可挽回的损失。

21 世纪是科学技术全面发展和科学理性充分发展的世纪，世界科技革命将会向更高的阶段迈进。21 世纪，信息技术成为先导技术，世界进入以信息产业为主导的新经济时代，特别是智联网的开发应用，将方便千家万户。高新技术成为现代生产力最活跃、最重要的因素。科学的发展呈现综合化趋势：各学科、各技术领域相互渗透、交叉和融合；综合科学迅速发展，综合科学指几门科学的整合；为管理学和科学建立了沟通桥梁的系统科学处于大发展的加速期；科学和技术、自然科学和社会科学紧密结合、交叉和渗透；数学向各个学科渗透，软科学快速发展。21 世纪的科学将对世界的发展和人类文明的进步产生巨大而深刻的影响。

进入 21 世纪，我国制定了第一个科技中长期（2006 年至 2020 年）发展规划，又制定了未来 15 年（2020 年至 2035 年）科技发展规划和"十四五"科技创新规划。规划坚持三个面向，即面向世界科技前沿，面向我国重大战略需求，面向经济社会发展主战场；紧跟当今世界科技发展的前沿及其趋势，坚持中国特色；加强基础和前沿科学的研究，争取在信息科学和高新技术方面有较大突破。从全局性、战略性和前瞻性的高度做出总体规划及统筹安排。

中国是具有几千年古老文明，14亿人口的大国，应该为世界的科学与技术的发展，为人类文明的进步做出中国贡献。

维商，是人类穿越维度的能力，是人类的东方智慧。继智商、情商之后，维商将出现在人类的辞典中。

智商对应的是考试成绩，情商对应的是人际关系，而维商所对应的是直截了当的智慧，是同时进入自己和别人内心的本事。

互联网是一个新的维度，人类还不适应。因为，我们被困在科学的维度里太久了。人类已经从迷茫走向疯狂，人类绝不能失去智慧。

互联网的应用，形成互联网思维。互联网思维的核心是维度，不是思，而是维。维度决定一切。维商时代，已经来临。

按照仲昭川的说法，维度是不同的认知空间、价值体系、规则范畴。维度与维度之间可以转换，但低维度对于高维度无能为力，这是互联网的基本原理之一。角度是同一维度下的转换，角度和维度不同。

天道和人道的维度不同，人道与人道的维度也不同。

宇宙的无限性告诉我们：不管是自然界还是生物体，都是万维的。互联网进入中国时，就叫"万维网"。维度是无限的。

维商是人人具备的基本能力，并不是特异功能，不需要修炼。维商虽然无法被量化，却随时能开启。

人的体内有无穷的连接点，每一次连接都会形成独立的维度。人与人之间也是万维的，彼此绝对不可知，只对心有灵犀的人例外。

维度之间是相通的，有无所不在的时空穿越通道，叫"虫洞"。

不同的人对于真理，有不同的维度和角度。真理与真理会看似不同。只要捍卫各自的真理，人类间的争斗就会成为永恒。没有贪婪、怨恨、痴迷，和平自然落地生根，无须流血。

和平源于内心。世界中，就连"空"与"色""有"和"无"都是一样的，真理与真理怎么还会分别？但人类面临的不仅是和平问题。人类所有问题，都是自身欲望带来的。无论政治、经济、环境、机器问题，都源于意识中的分别、执着、妄想。

　　人类的探索，只是在无尽的不可知中，寻找那微尘般可知的部分。看是自慰，却是万维的全数据，机器永远采集不到。生物体的数据处理是生物的方式，机器的数据处理是物理的方式。前者永远能超出后者无穷倍。因为人类具有万维的意识。这是维商的范畴。

　　人与人的关系网，也是广义的互联网，延续至今，反而成为多元共生的独立网络。同在一个世界，人与人的维度不同。"喜欢"是不同维度的趣向，"好坏"是同一维度的评判。

　　互联网给人们揭示了多元共生的极乐状态，也提供了日常的解决之道：各遵本心、彼此无碍、直达永恒。人人可以做到。

　　人性是介于动物性和神性之间的一种性质，是对动物性的克服和向神性的接近。这样，人离动物状态越远，离神就越近，人性就越高级、越圆满。

　　然而，现代社会狂热的聚财、奢靡的享受、毒品、人工流产、克隆技术等，在动物界是绝对不可想象的，这只能是另一种解释：人性未必总是从动物性向神的进步，也可能是从动物性发生退步，比动物性距离神更远。人类在生活日趋复杂的现代，神性只好以朴素的动物性的方式来存在，回归生命的单纯正是神的召唤。

　　周国平先生认为："人一半是野兽，一半是天使。由自然的眼光看，人是动物，人的自身来源于进化、遗传、繁殖，受本能支配，如同别的动物身体一样是欲望之物。由诗和宗教的眼光看，人是万物之灵，人的灵魂有神圣的来源，超越于一切自然法则，展放精神的光华。在人身上，神性和兽性彼此纠结、混合、战斗、消长。好像发生了化学反应一样，这样产生的结果，我们称之为人性。所以，人性是神性和兽性互相作用的产物。"

　　人是情感动物，也是理智动物，二者缺一不可。

　　在人类的生活中，情感提供原材料，是原动力。而理智做出取舍进行加工，是制动器执行者。二者不可或缺。

　　情感和理智是一对合作伙伴，它们之间也有矛盾。两者力量对比的不同，或都弱都强，或对比悬殊而产生平庸、伟大成就或一事无成，也可能成为偏才。

人性分为生物性、社会性和精神性三个层次。社会性是前后两种属性的混合，相互作用的产物。一方面，它是生物性的延伸，因为生存的需要而结为社会，它首先是基于利益的结合。另一方面，它是精神的贯彻，它要在社会中实现理性规则和精神价值的追求。

人生情况怎样，和社会性的质量有很大的关系，社会性的质量是由生物性和精神性的质量决定的。人的自然本能和精神追求愈是受到充分尊重，就愈能建立起一个开放而先进的社会。反之，一个压制人的自然本能和精神追求的社会，必然是狭隘而又落后的。个人也是如此，具有卓越社会影响的人物，多数拥有健康的生命本能和崇高的精神追求。

真实的人性都不是罪恶的，若看成罪恶，是社会的偏见。

坦然面对人性的平凡，坦然面对人性的复杂。

人皆有弱点，有弱点才是真实的人性。认为自己没有弱点的人，一定是浅薄的人。众人认为没有弱点的人，多半是虚伪的人。人生皆有缺憾，有缺憾才是真实的人生。那种看不见人生缺憾的人，或是幼稚的，或是麻木的，或是自欺的。

正是在弱点和缺憾中，在对弱点的宽容和对缺憾的接受中，人幸福地生活着。

人永远是孩子，谁也长不大，有的保留着孩子的天性，有的保留着孩子的脑筋。谁也不相信自己明天会死，人生路不知不觉走到了尽头，到头来不是老天真，就是老孩子。

人性的一个方面是性格。

人性的性格的所谓优点和缺点是紧密相连的，是钱币的两面。所以，在享受性格之利的同时，要承受性格之弊，把这个弊限制在适当的范围之内。这就是要做性格的主人，发扬性格的长处，抑制性格的短处。

人性有光辉的一面，也有阴暗的一面。人的欲望是无限的，人性的好坏也是随时而变的，当利诱大到一定程度，人性阴暗的一面就会被诱发。在一定的环境氛围下，人性阴暗的一面将被限制在可控的范围之内。

通过分析，我们思考了以下问题：

（一）科学地看待科学

科学几百年来，为人类创造了大量财富。科技是生产力，它使社会面貌、生活环境、生活起居、习性习惯、思维观念等都发生了很大的变化。人类的每次重大变迁和进步，都是科学的功劳和作用。科学正在使人类疯狂。

人类每次对自然的胜利，几次重大的科技突破，都遭受自然的报复。人类的教训是极其深刻的。地球自然灾害的增多，土地沙漠化、水土流失、旱灾、水灾、虫害、空气污染、传染病，近年，新冠肺炎在世界大暴发，再伟大的国家，它都毫不留情。作为人类，面对由科技的发达而为所欲为地无节制开发所造成的恶果，应该认真地反思。

按照人类现在的科技水平，可以在几分钟内毁掉地球表面人类所居住的全部生存环境，你说这是科技的疯狂，还是人类的无知？其实，人类几千年了，自己的温饱都还没有全部解决；自己的很多疾病都束手无策，无能为力，这是人类的悲哀，应该好好反思。科技的发展应该而且必须促进人性的发展。

另外，科技的发展为人类提供很多方便，互联网的广泛应用使人类的生活更加方便，以后人们只要学会按几个开关，生活的所有事情都基本上解决了。但是，人们的智能、思维能否跟着发展，这将是人类面临的问题。

科技是人类的发明，给予人类方便。然而，人类是地球上脆弱的物种。道法自然，现代的人类有什么重大活动，什么重大科技项目的开发都必须遵守宇宙的根本法则"道"。否则，人类必将自己给自己制造麻烦，带来危害。

科学为人类创造财富，带来幸福。科学也会为人类带来痛苦，必须科学地看待科学。

(二) 维商是人类认识自身的一个里程碑

科技的重大贡献是实现了智联网。互联网的出现形成互联网思维。互联网思维的核心是维度，维度决定一切。维度的出现，带来维商时代。

人类认识世界的本能，是非学理性。非学理性是直觉的理性。生命过程中，感性的力量始终大于理性。

古代科学巫术的魅力，恰恰来自不合逻辑的非学理性。直指人心的结论，都可称为非学理性的产物。非学理性的工作形式是智慧。

非学理性是高级理性。所有重大科学突破，完全依赖非学理性，也就是智慧。

以前对于非学理性注意很少，也没有和智慧联系起来。现在提出了"维商"这个概念，特指非学理性，对应智商和情商，这也是人类智慧的东方价值体系。

"维商"概念的提出，维度及其互联网思维同时出现在我们的生活中，随着时间推移，随着互联网技术的进一步普及、应用和研究，维商必将越加显示其作用，越加显示它的生命力，它也将是人类认识自身的一个里程碑。

互联网技术应用的时间不长，人们都觉得作用很大，很方便。然而互联网以及智能网对人类的广泛深入应用的前景，互联网的人文学、社会学及其哲学的研究，以及"维商"这个伴随互联网而产生的概念怎样发挥智慧的作用，都有待加强研究。

(三) 认识自己，认识人性，提升自己

每个人身上都藏着人性的秘密，可以通过认识自己来认识人性。一切伟人的人性认识者都是真诚的反省者，把自己当作标本，看自己的人性就会变得深刻又宽容。这样，一切隐私都可以还原成普遍的人性现象，一切个人经历都可以成为心灵的财富。

　　人认识了自己，认识了自己的人性，也推及别人的人性。人是野兽又是天使，人是情感动物又是理智动物。我们自己心中要清楚，自己的哪些行为、习惯、能力、思维是属于人性的什么方面；我们的工作、生活需要的是人性的什么方面；有哪些人性的方面需要加强或控制、需要学习或改进，都要心中有数。同时，必须在人生过程中有意识地、有计划地做相应的调整，才能使自己更能适应时代的发展，适应情况的变化。这样，我们的人性才能成为健全的人性，回归正常的人生，成为时代的人性。

　　认识了自己，必须努力提升自己。首先，必须清楚那些无法选择和控制的因素，如家庭、智商等，以及可以选择和控制的因素，如时间。你怎样对待时间就会得到什么样的人生。善待时间，挤用时间，做有意义的事情，时间久了，就不一样了。另外，自我思考，自我改变。我现在的学习、工作和生活满意吗？怎样才能做得更好？必须不断提升自己的生活模式和工作模式，让自己不断跨上新台阶。其次，不断学习。养成有目的、有重点阅读学习的习惯，并且在学中习，弄通弄懂，融会贯通，提升自己分析问题、解决问题的能力。还有，学会自律。自律是找到自己的目标和方向，以及自己的动力，改变自己的行为和习惯。下定决心，矢志不渝，必有成效，最终成就有意义的人生。

七、网络、人文与韬晦

信息科学与技术是人类最伟大的科技进步，几十年时间互联网已进入千家万户，成为人们生活最重要的一个方面。它给人们的工作生活带来了方便，而且极大地改变了人们的行为习惯、生活方式和思维方式及其观念。随着时间的推移，它必将越来越显示出生命活力和内力，它或许是整个世界秩序、人类生活的根本转折点，使人类逐步走上正常的人文轨道。

互联网解决了时空问题。在不到 60 年时间，互联网帮助我们把时空凝缩，全面触及外在真相。如果从 1997 年的"中国互联网元年"算起，互联网发展到现在整 24 年。中国进入了互联网时代。

互联网是一部社会学，是一种人类学，是一部哲学，是一门人文学，是一门科学，它博大精深。现在刚刚开始，很值得我们花时间，投入精力进行系统、深入、认真的研究，从而指导、规范、引导互联网科学与技术进一步发展，让人们在应用互联网时会有更大的收获，从而汇聚促进社会发展的庞大力量。

互联网，使人们的工作和生活的节奏大大加快，时间的灵活度、随意性、跳跃性提高。地球变成一个小小的村落，距离变短了；古今中外，上下数千年，地球的任何角落，都可自由穿梭；网络思维呈现立体多维结构，属于多角度、多方位、多层次、多方面、多元的思维，思维时空得到了前所未有的扩展。

互联网源于天地之道。互联网所体现出的自然伟力，已不再是人类力量的总和。互联网的出现，迫使人们改用安静的方式来面对世界。这种方式，使人们认识宇宙的能力从局部转向了整体。互联网，便是一张太极图。

互联网时代是元神的时代，互联网思维是元神思维。互联网是人造的自然模型，演示自然，却并非自然。互联网的生命特征，并非源于自身，而是来自与人类一体化的关系。人类社会发展到移动互联网时代，大大小小的群体都在重新组合。

互联网思维，是成本归零的思维。它以一个最大音量在日常范围提醒我们：法则是自然存在的，不需要建立或捍卫。即便建立或捍卫，也应该是零成本的。

互联网世界是个变化万端的不可知体，彰显出自然的本性，也体现了人世间的综合关系，包括文明与文明的关系。

互联网作为道的模型，提供了直观的法则，也是终极的解决方案：多元共生。道学应用的核心观念是整体观、平衡观、辩证观。这也同时反映在互联网的各个方面，是人类的圆融思维，这是人类的最高思维，也即维商。

互联网给人们揭示了多元共生的快乐状态。它让人拥有无限的选择权，选择那些喜欢自己的人，并且互通有无。人是烦恼的根源，互联网把人与人相对分开了。至少把近的人推开了，把远的人拉近了，远近再无分别。

互联网构成了一个植物的世界，时刻都在发生不合逻辑的事情。草根人物在不经意间改变世界，仅因一个莫名的言行。尽管人们事后套用各种逻辑解释，也只是为了接受事实。

互联网从天而降，同时带来平等和自由。平等和自由，从来都是信仰无法平衡的事情，也是人类从未解决的问题。互联网的平等，是多元制衡产生的公正。互联网的自由，是与人方便，自己方便。

互联网粉碎了一切逻辑。互联网带来的陌生人互动，是全新的关系，不仅拓展人与人的维度，也超越了原有的逻辑。

互联网以世界大同的方式捍卫差异，处处体现非人力所及的平衡伟力。自然，不允许世界上有平等的东西，万类霜天竞自由。

互联网本身就是一种规则。但是，这种规则不是人为的，是互联网自然伟力的源头。互联网的本质是人文的，人文来自灵魂，不由人的意志为转移。人文的本质，是自然的。互联网规则是自觉的，它是人类有史以来唯一共同遵守的规则。互联网规则在回归自然的本色。

互联网的本质就是关系，互联网带给我们的，是改善关系，建立秩序的维度。这是互联网思维。

互联网并非生于自然，却在自然而然发生，没有经过刻意经营，就变成人世间最大的实体和虚体。一阴一阳之谓道。因此，互联网体现了自然，拥有自然的力量。它不是任何人、任何团体所能抗衡的一个存在，并且时刻都在发展壮大。

互联网精神：共享、分享、免费、利他。

人文，《辞海》中这样写道："人文指人类社会的各种文化现象。"人文，是一种动态的概念，是指人类、一个民族或一个人群共同具有的符号、价值观及其规范。符号是文化的基础，价值观是文化的核心，而规范，包括习惯规范、道德规范和法律规则，它是文化的主要内容。人文是指人类文化中的先进的、科学的、优秀的、健康的部分。

人文，简单地说，核心是"人"，只要与"人"有关的活动，就可以作为一类罗列出来。说它复杂，是因为"人们"的生活方式与习惯不仅有区域的限制，还有时间上的不同，这就造成了人们认识上的不同。因此，其产生的文化是不一样的。

近代以来，人类发生了一系列的深刻变化。首先是人文革命，文艺复兴；科学革命，近代科学诞生。同时诞生两大观念：人文观念，尊重人；科学观念，尊重规律。

人文精神主张以人为本，重视人的价值，尊重人的尊严和权利，关怀人的现实生活，追求人的自由、平等和解放的思想行为。从某种意义上说，人之所以是万物之灵，就在于有人文，有自己独特的精神文化。

中国传统文化的人文精神把人的道德情操的自我提升与超越放在首位，注重人的伦理精神和艺术精神的养成等，正是由对人在天地万物中这种能动、主动的核心地位的确认而确立起来。

人文，是互联网的实质属性。

人文崇尚感受，无法量化。

人文所对应的，是精神、道义、经验、规范、模式、规则等，它是人们用来管理、调整并保持欲望的。

人文的东西，生来就是为了创造经典并流传后世，一到顶峰很难被超越，给世人留下恒久的享受和遗产。

互联网，就是人文，解决的是关系问题。

人之所以成为人，主要是人文。先有人文，后有科技。人文的力量，就在于追求永恒的差异。而科技的力量，在于复制，在于消灭自然差异。

微信给中国带来的改变，不仅是科技进步，更是人文的改变。微信使中国人通过朋友圈粘在一起的同时，中国的国民，都变成了网民。

互联网作为最高的文明形式，破天荒地第一次以人文革命的方式，以最短的时间，最低的成本，惠及了最多的人，改变了全世界。因此，互联网成为人类有史以来最伟大的、真正意义上的、全人类的命运变革。

人文的思维建立在"整体观、平衡观、辩证观"的基础上。全世界都一样。中医是人文的。

韬晦也即韬光养晦，是一种柔弱的策略或智慧。它不是懦弱，不是事不关己高高挂起，而是一种执守与静默，在喧嚣的红尘中，能够守住心灵净土，静静汲取知识，增长智慧，修身养性，强大自己，完善自己。韬晦是智慧，引导人们走向成功。

韬晦在古书是中性词，一方面是对自己的完善与反省；另一方面，包含"消极"因素，做个糊涂的精明人。韬晦寓意要修缮自己的不足之处，提升内在的修养。韬晦的含义，与大智若愚、淡泊明志、宁静致远、厚积薄发、天道酬勤，止于至善、上善若水、安之若素、虚怀若谷等都有相近之处。

人生在世，要有所为，还要有所不为。如果无所不为，最终只能是一无所为。暂时的"不为"，是为了长远的"有为"；表面的"不为"，是为了实实在在的"有为"。因此，在某些特定的情况下，人不能不有所"不为"，应当以暂时的退让谋求长久的进步。

韬晦作为军事谋略，指在对敌斗争中，通过各种欺骗的手段，表面上收敛锋芒，隐藏实力和企图，解除对敌方所造成的威胁感，麻痹敌方，等待合适的时机再图大举。

韬晦，甘于寂寞，等待下一个春天，是苦心孤诣的追求者应具备一种的坚韧。为人不浮躁，不草率，苦心经营，积累沉淀，下一个春天的那份美丽才会持久。假如没有经过"批阅十载，增删五次"的熔铸，《红楼梦》又何以成为经典？

老子曾说："君子盛德，容貌若愚。"（《史记·七十列传·老子韩非列传》）意思是那些才华横溢的人，从外表上看并无特殊之处。无论是谦虚还是谨慎，都会让人认为是消极被动的生活态度。因此，必要时藏锋芒，收锐气。

有才华的人应该隐而不露，该装糊涂时一定要装糊涂，伺机而动。锋芒毕露，定会遭到别人的嫉恨和非议，甚至引来灾祸。聪明人要韬晦，懂得"匿才显缺，大智若愚"。古往今来，凡能成就大事业者，无不深谙藏锋蓄志的龙蛇伸屈之道。李白有句颇为耐人寻味的诗："大贤虎变愚不测，当年颇似寻常人。"（《梁甫吟》）韬晦能使对方懈于防范，为自己积聚实力腾出更多的时间和空间。韬晦是一种求生存图发展的智慧，是一门以退为进，以守为攻的哲学。

人的生命是人立足于社会的根本，没有生命便没有了一切。在这个竞争如此激烈的现代社会，生存是我们首先要考虑的问题。俗话说："小不忍则乱大谋""留得青山在不怕没柴烧"。我们应该韬晦，适时保持低调，谦逊做人，敛藏才智，伺机待发，实现个人价值，发展自己。

我们通过分析认为：

（一）互联网不仅是伟大的科技成果，而且更是一座有待开发的
　　　思想宝库

互联网的发展只有几十年的时间，关系家家户户的每个人，涉及人类的所有领域，而且使用方便，内容无所不包，成本又低，生产力的发展、生产关系、社会的交往方式、行为习惯、思维观念、思维方式等都发生深刻改变。互联网发展之快，应用之广泛，涉及内容之多，关系面之大是任何科技发明或社会变革都无法比拟的。

互联网的伟大，不仅在直接的应用上，更重要的它是人类取之不尽、用之不竭的思想宝库。它是一部科学书，又是一部社会学、人类学、人文学，更是一部哲学，一部人类的真正的圣经。仲昭川在这方面做了相当深入的研究，也提出很多真知灼见，很值得借鉴，我们应该以此为起点，开展系统的、深入的、认真的研究。

任何事物及其变化都包含矛盾运动，互联网具有整体观、平衡观、辩证观的特点。既然是辩证的，那么互联网有很多好处，必然就会有很多需要规避、控制、规范的事情要做，只有这样才能让互联网更好地造福人类。

国家应该投入更多的人力、物力和财力，对互联网进行全方位、立体式、深入系统的研究开发。特别作为一部伟大的思想宝库，其基本还处于朦胧阶段，我们应该将它作为重点的重点，有计划、有步骤、有重点地开展研究，梳理出整套的思想、原理、特点及其开发、应用、防范的措施，为实现中华民族伟大复兴的中国梦做出应有的贡献，真正发挥负责任大国的作用。

（二）互联网的人文精神是当今时代需要的

人文精神主张以人为本，重视人的价值，尊重人的尊严和权利。人

文，是互联网的实质属性。

现代社会整体物质财富增加很多，普遍的生活水平提高很多，中国已经消除绝对贫困。然而很多人觉得精神空虚、人生困惑、生活觉得没有意义，这有社会的原因，也有个人的原因。

互联网，让人拥有无限的选择权。你愿意参加就可以参加，你也可以选择那些自己喜欢的人。互联网把人与人相对分开了。把近的人推开了、把远的人拉近了。远近再无分别，这体现了人的权利和尊严，也就是体现了人的价值。

互联网对于网民，是满足欲望的，而不是消除欲望的。互联网提供的价值是机会均等、个体自由。

互联网的人文精神是时代所需要的。

我们的国家是人文的国家，关于互联网的人文精神，必须给予高度重视。

（三）善用韬晦成就人生

从前面的分析得知，韬晦讲究的是低调成大事之道。古代视之为"攻守进退，游刃有余"的奇谋之道，它源于"谋圣"鬼谷子，是一种极高的智慧。

现代社会竞争复杂、激烈、多变，人们的社会地位、阅历及其情况千差万别，人生道路总不会一直高歌猛进的，韬晦还有着重要的现实意义。想成大事者，学懂悟透善用韬晦，会有很大帮助。

韬晦，首先要处晦，隐藏自己，保持冷静、镇静，不急躁，低头处世，控制好自己，主动柔弱示好，保身是根本，同时尽量赢得友谊。另外要养晦，即不争一时一事之长短，忍辱负重，积累自己的实力，厚积薄发。还有要谋晦，难得糊涂，糊涂难得。小事糊涂，大事清楚。糊涂中要自信，自信一定成功。同时，统筹谋划事情成功的途径、方法、时机、应变办法等情况。最后是用晦，就是大智若愚，把握时机，一举成功。早则火候未到，晚则丧失良机。时机掌握不好，前功尽弃，功亏一簧。司马懿韬晦了多少年，最终在时机成熟时，发动了雷霆一击的高平陵之变。

　　要想有所作为，小事糊涂而大事睿智。做人如水，以柔克刚。只有那些以不争为争的人，才能笑到最后，成为胜利者。低调者更容易成事，无论自己有多大的能耐，万不可锋芒毕露。低调洞若观火，大智若愚，藏拙韬晦，造就出彩人生。

八、生态、圆融与智慧

生态是在一个整体性的环境里，存在一种或多种闭环的食物链，这种食物链即便不断地变化，也始终能保持平衡，并且不断繁衍。

生态是生物与周围的自然环境构成的整体。生态系统是指自然界一定空间的生物与环境之间相互作用、相互制约、不断演变，达到动态平衡、相对稳定的统一整体。生态系统是一个开放的机能系统，它不断地同外界进行物质、能量的交换和信息的传递。小到一个鱼塘，大至整个生物圈，都可以看成是生态系统。

生态系统理论在心理学与生态学、系统论等理论相结合下而产生，它强调发展个体嵌套于相互影响的一系列环境系统之中，在这些系统中，系统与个体相互作用并影响着个体发展。个体所处的自然与人文环境之间是一个有机的系统，与个体自身的主观能动性一起决定着系统的发展方向。

生态观点是以宏观的角度去理解"人类的社会功能"，强调个人、家庭、群体和社会与他们社会环境之间的和谐互动，而要达到这一目标，必须致力于改变环境，并使之能更有效地回应个人、家庭、群体和社会的需要。

生态从生态学发展为生态系统理论再发展为生态工程。生态工程的基本原理包括物质循环再生产，即物质在生态系统中循环往复原理，分层分级利用、物种多样性原理、协调与平衡原理（需考虑环境承载力）；整体性原理（人类处于社会—经济—自然复合而成的巨大系统中，进行生态工程建设时，既要考虑自然生态系统的规律，还要考虑经济和社会等系统的影响力）。

互联网生态的奇妙，在于系统的自动更新、自我完善、自给自足。每个生态都有它的自有秩序，它可以在最初被建立者赋予，却在随后不受控制，自发自在。

互联网的生态系统，具有天然的开放性，网民进出自由，任何个体都可以在其中建立自己的生态，亲身体验造物主的喜怒哀乐。这是互联网生态对人类原有地域生态的颠覆。

互联网覆盖下的小生态村落，便是老子在 2600 年前所说的"小国寡民"的理想国。它分散居住，既是人类对自然唯一可能的贡献，也是唯一可能的生存救赎。只有分散居住在成为反向的趋势并具备一定规模，人类的城镇化才会显得更加人文、更加自然。正常的生态，始终处于自动化、多样化、平衡化状态中，始终在降低成本。

生态看人，以智慧分高下。对于社会，业态的前景是融入生态。只有生态，才能带来真正的平等和自由。至少能产生可以理解的不平等和不自由。

互联网的大生态，决定了今后很多改变，这种改变是全社会、多层面的。

不认真了解、揣摩互联网生态，就很难谈论互联网思维。

生态思维，是原始森林中的农业思维。互联网思维不仅是生态思维，也是成本归零的思维。生态自然化，是互联网挽救人类的专门途径。利用互联网建立自己信念下的生态，是个体实现生存超越的唯一选择。

生态，是各种自然关系的综合体。

圆融强调做事用心、处事关心、服务开心。将人文的内涵融入工作生活中，突出"和乐圆融"的文化特质。

圆融最初为道教所倡导。

道教主张学道之人应该超然世外，独善其身，不趋炎附势；修道应以道济世，既要修道证明又要救世利人。这种修己与利他的双重目标，表现出道教"内以修身，外以行善"的出入世并重的圆融精神。

道教的圆融还体现在宽容、多元精神上。《道德经》云："知常容，容乃公，公乃王，王乃天，天乃道，道乃久，没身不殆。"就是说，能包容一切就能够公平对待一切。道教在看待人和万物的关系上，没有人类中心论的观点。在人与人的关系上，主张多元化，容纳不同的价值观，否定高低贵贱之分，反对自我中心论。

道教自由圆融精神表现为力求掌握自然规律而改造自然、战天斗地的自由；表现为力求社会关系宽松活泼，个体在其中和畅自如、逍遥舒适的自由；还表现为个体身心的自由，即个体所具有的无穷之生命潜力。

人能领悟到人生的真谛，就会感觉到生命的圆融。

做事要方正，做人要圆融。

做事要方正。方，要遵循规矩，遵循法则，不可乱来。"没有规矩不成方圆""有所不为才可有所为"，就是"方"的意思。如当官要绝对奉守清廉的原则：为官要清，贪不得。

做人要圆融。这个圆融绝不是圆滑世故，更不是平庸无能，而是一种宽厚、融通、大智若愚、与人为善，心智的高度健全和成熟。这是做人的高尚境界。

心无所碍才是圆融。

圆融，首先是不偏执，不狭隘。圆融的基础是心平气和，人我合一。静中生慧，不染六根。

圆融是把智慧归于简单。

东方道学传到西方至少有千年历史，无和空的概念经常被曲解。"无"和"空"，都是"无限""无量"的意思，代表了绝对的价值和绝对的状态。绝对的价值，就是道的价值。绝对的状态，就是必然性的随时体现。道学倡导的心念，是基于属性的有所作为。释迦牟尼的无相无我，则更是平和自在。一善念、一同情、一祝福也足以成就功德。积累功德，就是完善灵魂。那是无止境的圆融之路。

每个人的智慧都是圆融的，只是受到后天的蒙蔽。现实价值观施于内心，必然污染灵魂。正如老子提醒：求道者需要不断舍弃后天的观念，为道日损。

互相网让价值无处藏身。圆融的思维让人们从不同角度发现并共享同样的价值。这种圆融，就是混沌。

圆融之美，发自内心。

智慧产生科学，但科学并不产生智慧。

智慧强调生命，智能强调生存。

人的成长和成就，归功于专注力和发散力两种能力。无论观照内心还是观照外界，都是靠发散力，跟专注力相反的旋律。发散，是整体观，不会把注意力放在任何一个局部，而是要看到全部真相，这才是智慧。不同于智能。

智者的成果，不仅取决于专注力，更取决于发散力。这是维商的构成。

周国平先生说："智慧不是一种才能，而是一种人生觉悟，一种开阔的胸怀和眼光。一个人在社会上也许成功，也许失败，如果他是智慧的，他就不会把这些看得太重要，而能够站在人世间一切成败之上，以这种方式成为自己命运的主人。"

智慧和聪明是两码事。聪明指的是一个人在记忆力、理解力、想象力等能力方面的素质，加上努力，你就可以获得成功。但是，无论你怎样聪明，如果没有足够的智慧，也谈不上伟大。也许这样，历史上聪明人多，伟人却很少。

智慧是灵魂的事，博学是头脑的事。

智慧关心人的限度之外的事，知识关心人的限度之内的事。

智慧是知识凝结的宝石，文化是智慧发出的光彩。

智慧永恒，知识是一种方便。智慧是人的本质，是人所具有的归依真相和真理的能力。知识只是智慧的具象化，是智慧的一种表现。

叔本华说："智慧的人生总有一个相似点，那就是处理好现在和将来的关系，在这两者间找到恰到好处的平衡，以保证现在和将来互不干扰。"

智慧是美的，因为创造，而创造是美的，因为是智慧。

智慧不怕无知、不怕疑惑、不怕勤奋、不怕探讨，怕的只是确认什么是它所知道的，什么是它不知道的。

人生最值得追求的是优秀和幸福这两项，而这离不开智慧。所谓智慧，就是想明白人生的根本道理。这样，才会懂得如何做人，从而成为人性意义上的真正优秀的人。也唯有这样，才能分辨人生中各种价值的主次。知道自己到底是什么，从而获得和感受到幸福。

通过以上的分析，我们得出如下的启示：

（一）生态自然化应该并且必须是人类的共识

生态自然化，是互联网挽救人类的专门途径。利用互联网建立自己信念下的生态，是个体实现生存超越的唯一选择。

生态自然化涉及政治、经济、环境、人文、习惯、风俗、文化、个人行为等各个方面，关系到国家、社会、集体、社区、家庭和个人。

互联网的广泛普及和应用，社会和个人的方方面面已经自觉或不自觉地改变着现有的生态，正在不同程度地向自然生态变化发展，随着时间的推移，其结果必将更加明显地表现出来。

生态自然化关系方方面面，国家及其有关单位必须顺应互联网的发展制定相应的法律和相应的管理方法，促使互联网向有益、健康、有序的方向发展，促进生态自然。

生态自然化关系每个人，与每个人息息相关。互相网已经是一个王国、一个社会、一个村落、一个系统，我们每个人都有权利、有责任、有义务积极参与。

互联网的自然生态系统，具有天然的开放性，我们每个人可以作为网民进出自由，建立自己的生态，直接对应现实空间，亲身体验造物主的喜怒哀乐。

按照生态系统理论，个体所处的自然与人文环境之间是一个有机的系统，与个体自身的主观能动性一起决定着生态系统的发展方向。为此，我们每个人在享受互联网的恩惠的同时，要结合自己的情况，着重从自己的环境，从自己的心灵深处，把自己的灵魂、自己的思想和自然之道，与优秀人物、社会公德对照，改变自己一些不良的习惯，不适合时代的想法，提高自己，使自己成为得道之人，脱离低级趣味的人，成为一个高尚的人。

让生态自然化成为人类的共识，共同的行动。

（二）圆融是人生的追求

人能领悟到了人生的真谛，就会感觉到生命的圆融。圆融是人生存的意义，人生的真谛。解决人生存的意义问题，就必须寻找个人与某种超越个人的整体之间的统一。寻求大我与小我、无限与有限的统一。寻求生命的意义，可贵的不在意义本身，而在寻求，意义就寓于寻求的过程之中。

生命的意义就是在这两个方向上展开的：情感生活指向人。其实质是人与人之间的精神联系，使我们在尘世扎下根来；信仰生活指向宇宙，其实质是人与宇宙之间的精神联系，使我们有了超越的追求。这正就是人生对圆融的追求。

在具体的人生中，每个人对于人生意义问题的真实答案主要来自他的生活实践，因而具有事实的单纯性。所以，对于人生，无须想得太多太远，但起码必须考虑现在还活着，对于最近以及一个阶段的时光做些实际的安排。

现代社会，作风有些浮躁，人心躁动，总有许多人觉得生活没有意义，特别有必要进行圆融的自我教育、自我修复，提高自己，活出有意义的人生。

宇宙万物，都是曲线的，是圆周形的。南怀瑾先生说："曲成万物，曲则全，为人处世，善于运用巧妙的曲线，只此一转，便事事大吉了。"因此，处世要讲究艺术，要讲求曲线的美。换句话说，人生在世，"曲者生存"。"曲"的内涵是相当丰富的，比如，柔和、变通、灵活、弹性、应变、适应、隐蔽、低调、退让、适度妥协、礼让、留有余地抓住一个"曲"字，也就是圆融处世。只此一转，这也是"以曲求全""以曲求直"，便事事大吉了。

几何学上空间最短的距离是直线的距离。在人世间处世，最短的距离是"曲线"的距离。因为"曲"，更容易拉近人与人之间的距离；因为"曲"，许多事更容易达成。处世要讲艺术，要讲求婉转的美。人世间很多事情，思路一转，变直为曲后，便可化腐朽为神奇。讲话婉转而圆满，既可达到目的，又能皆大欢喜。

圆融是精深的学问，应该成为人生的不懈追求。

（三）永远在追求智慧的路上

智慧是一种人生觉悟，就是想明白人生的根本道理。智慧使人对苦难更清醒也更敏感，因而使人痛苦。

在人生当中，我们接触了许多人，看见了许多事，许多人都觉得生活不如意，人生不幸福，什么怀才不遇、运气不好、世道不公，其实患的都是心理疾病，根本原因就是想不明白人生的根本道理。往往是心不明，眼不亮，看不清浮山，挡不住诱惑，或者造成人的堕落，或者昏昏沉沉，不思上进。

人生的结果差距太大，有的是世间的杰出人物，干出惊天动地的大事；有的是默默奉献，做了大量有益于社会的事；有的是无视社会公德，违背了良心，走进监牢；有的是碌碌无为，平平淡淡，且过且生活。人生结果的差距，就是不明白人生的根本道理。

我们追求的是智慧的人生，但智慧的人生是一辈子的追求，绝不是一朝一夕的功夫就可以做到，为此要从以下三个方面着手。

　　首先，必须明白人生的根本道理是什么。关键是怎样做事，怎样做人，特别是做人，做事先做人，做人是人生的关键。人生的心要永远向着光明。佛教说，"无明"是罪恶的根源。基督教说，堕落的人生活在黑暗中。

　　另外，自觉在自己的心灵深处作持之以恒的修炼。要成就智慧人生，就必须经常地、持之以恒地以天地之道、社会之道感悟感恩反思自己，以历史和现实中的英雄人物、高尚人物、有道德的人为榜样，不断调整自己的想法、行为和行动。

　　还有，追求智慧的人生必须积极参与社会实践。人生不是苦行僧，要成就智慧人生不是靠闭门思过、闭门造车就可以成就的，而是要在实践中、在社会中、在自然中学习、思考、成长自己。

　　智慧是人生永恒的追求，只有永恒的追求才能成就智慧的人生。

第二篇 **02**

| 人与社会的辩证关系 |

一、社会、关系与秩序

　　社会，是以一定的物质生产活动为基础而相互联系的人类生活共同体。物质资料的生产是社会存在和发展的基础。人们在物质资料生产过程中形成的、与一定生产力发展程度相适应的生产关系的总和，构成社会的经济基础。在这个基础上，产生同它相适应的上层建筑。社会也就按照它本身固有的规律发展变化。

　　社会上的人们是在社会中具有自然和社会双重属性的完整意义上的人。通过社会化，使自然人在适应社会环境、参与社会生活、履行社会角色的过程中，逐渐认识自我、认识社会，并获得社会的认可，成为社会人。

　　人是独特的社会动物，只有把自己完全投入集体之中，才能实现彻底的"自由"，成为社会人。

　　人不是独立的个体，而是在复杂的社会中生活，因此必然受到社会各方面和周围环境的影响。人在社会上生存是少不了与人交往的。人在社会上生活，做任何的事情，都要处理人与人、人与事、人与环境之间的关系，这属于"交往"的范畴。交往是人们行为的动机。

　　人是社会的人，社会是人的社会。社会是由有意志的个体组成，社会是人们共同生活的结合体，人的社会需要人们共同治理。

　　一个人活在世上，要成为真正的社会人，活得有意义。人生不是为了某种外在的利益，例如金钱、名气之类，而应该有自己的园地，觉得做事本身非常美好，是一种内心的体验，是一种幸福。

生命是宇宙的奇迹，进化的产物，社会的宠儿，生命是我们最珍贵的东西，失去了它，就失去一切。对于自己的生命，要爱护，这是对社会的责任；还要享受生命，让生命为社会多做好事、善事，这是对社会的义务。人人都爱护生命，多为社会做事，社会将会更加美好。

社会是多种关系的综合体，社会具有综合性的功能。社会的运转是否正常，是否转运在合适的轨道上，社会关系到每个家庭的幸福，关系到每个人的生活、健康。一般说，社会好，大家都会好。

社会好，只有大家的共同努力。人类折腾了几千年，文明是发展了，文化是发展了，但人类至今还没有根本上消除贫困，还没有全部解决温饱问题；人类自己的很多疾病，还束手无策，无能为力，特别对于小小的病毒，习以为常的自然灾害，都无可奈何；人类社会战争流血从未中断，战争阴云时时笼罩着，社会上的人们连基本的安稳生活都不敢奢求。现在的社会是人类的理想社会吗?! 社会应该而且必须反思自己!

网络化对社会的影响最大，可称之为网络化的社会效应。大互联网时代，社会效应将与互联网深入普及，同步强化。

所谓深入普及，就是从时尚到习惯，从草根到大佬，从先锋到主流，从兴趣到利益，从舆论到行政，从企业到社会。

社会是个生态系统，任何故步自封的倒退和霸王硬上弓的进步，都会破坏社会的生态平衡。

任何社会矛盾，均非一日之寒。网络化带来的缓解与融合，对于解决社会矛盾很重要。

从网络化看社会，再从社会看网络，人人都能感悟很多。

互联网对社会及其经济的影响，将其称之为效应。这种效应自然产生且不知不觉发挥作用。

互联网对政治的影响，是一种制衡，一种来自无数个体的制衡。这种制衡产生的作用力，既可能是渐进的，也可能是突发的。这种制衡来自民间。

互联网，是一种文明。互联网思维，是一种文明思维，推动社会进步的思维。

人们开始相信：互联网思维，是破解社会难题的思维；互联网智慧，是集中全体国民的智慧；互联网的力量，是推动社会进步的力量。

以互联网思维看互联网社会，具有透明、安详、高效、和谐四个特点。

互联网思维对于一个社会，直奔主题、直奔目标、抛开一切，这叫高效。高效的社会，那就是办事时不用填表、不用盖章、不用找熟人、不用回老家，能使人活得更像人。人必须成为人。

互联网成为人类有史以来最伟大、真正意义上的、全社会的命运变革。互联网革命，不发烧、不流血、不争吵，而带来了全社会的福音。这是上天对全社会的恩赐，是所有人的共同利益。

理想的社会一定是平静的，没那么多举世瞩目的壮举和盛典，更没有那么多丧尽天良的劣行和惨剧。任何社会的变革都不应以人的性命为代价，任何正常的社会里都不该有那么多人在呼喊。互联网，恰恰能做到这一点。

人与人之间的关系即人际关系，包括血缘型关系、朋友型关系。人际关系是人之基本社会需求，可以助人了解自我，可以达到自我实践与肯定。

人际关系有利于促进和谐社会的建设；有利于发展社会生产力，增加群体的凝聚力；有利于形成一个良好的人际关系环境，对于人们的生活和工作会有很大的好处；有利于促进个体素质的提高和个体的全面发展，从而获得正确的社会文化规范和社会角色。

社会是人与人关系的总和，没有人，社会会成为一座孤岛。人与人之间都是相互的，每个人都需要与他人合作，获得他人的帮助。只有与他人关系融洽，才能工作顺利，生活愉快。

马克思指出：人的本质是一切社会关系的总和。即社会关系源于人。因为有了人类，人与人之间便产生了各种复杂的关系。

　　人的生存和发展，需要依次满足生理、安全、社交、被重视或尊重、实现理想价值的五层需求，且越往后价值越高。

　　人离开跟自己的关系和跟外界的关系，什么需求都谈不上。只要是需求，都要发生关系。高人主要是跟自己发生关系，普通人主要跟别人发生关系。

　　发生关系，涵盖我们的一生，同时涵盖企业的一生、家庭的一生、村庄的一生、行业的一生、社会的一生、世界的一生。

　　互联网，让全世界都喜欢上关系，让全世界都发生了关系。

　　互联网的本质，就是关系。同时是全新的关系、广泛的关系、跨越时空的关系。不管什么需求，都要发生关系。跟任何人发生关系，不管熟人还是陌生人。

　　关系不是互联网独有的。商业从远古到现在，从"物物交换"到"数数交换"，买卖双方发生关系。当大家都希望长期地、大范围地、频繁地、深入地发生关系时，便产生了品牌，品牌代表了一种稳定的关系，即利益关系、情感关系和社会关系三种关系。品牌产生垄断，把发生关系的机会霸占在自己手里。

　　你了解关系，就了解相互需求。发生关系是双方的事。

　　互联网行为是发生关系，互联网思维也是发生关系。

　　秩序的原意是指有条理、不混乱的情况，是"无序"的相对面。按照《辞海》的解释，"秩，常也；秩序，常度也，指人或事物所在的位置，含有整齐守规则之意"。从法理学角度来看，美国法学家博登海默认为，秩序意指在自然进程和社会进程中都存在某种程度的一致性、连续性和确定性。

　　一般而言，秩序可以分为自然秩序和社会秩序。自然秩序由自然规律所支配，如日出日落，月亏月盈等；社会秩序由社会规则所构建和维系，是指人们在长期社会交往过程中形成相对稳定的关系模式、结构和状态。

　　秩序是有条理地、有组织地安排各构成部分以求达到正常的运转或良好的外观的状态。

最佳的秩序是没有秩序。

无论是大自然的天地洪荒还是互联网的众生喧哗，都是没有秩序的秩序，它为一切应该发生的事情而存在。秩序为必然而生。

仲昭川先生说："自然而然，是最善的秩序，他拒绝人为的规则。规则之下的秩序，永远是暂时的，不平等且不自由，唯一的理由，是维护大多数。互联网在这方面做的正相反：维护任何少数乃至任何个体，进而形成自然的生态并自行运转。"

世界上所有社会性悲剧，都在于少数人试图为多数人规定一种秩序，进而建立并维护它。自然生态完全不同，生态本身就是最合理的秩序。它根据内部需求和外部影响，自动改变，没有任何多余的成本和风险。这就是东方的道，道法自然。

秩序只是让必然变得更加必然。一切来自价值，归于价值。秩序的存在，体现着人类对自然的价值，也体现着自然对人类的价值。秩序产生价值。

人类的基本秩序、生存的固有组成，全部与道德和情感无关，它是一个自然的操作系统。

人类对秩序所能做的最佳改变，就是不改变。

我们将世界上的事看成首要的，而不是我们的内在。如果内在不被了解、教育和改变，它就会一直战胜外在，无论外在的政治、经济和社会方面组织得多么好。这是一个被很多人遗忘的事实。我们总是试图在政治、法律和社会等方面为我们所处的外在世界带来秩序，而内在我们是困惑的、不确定的、焦虑的和冲突的。没有内在的秩序，对人类生活的威胁会一直存在。

通过分析，我们得到如下的启示：

（一）互联网思维是推动社会进步的思维

互联网成为人类有史以来最伟大、真正意义上的、全社会的命运变革。互联网革命是一场最伟大的革命，不流血、不争吵，大家心情愉快，作用明显，口服心服，它是最公开、最公正的裁决，代表了人们的意志。

互联网的作用，大家都感同身受，深有体会。从国家层面，人们的呼声上传，国家政策的下达；国家某些不正之风的抑制，办事效率的提高；国家倾听吸收来自群众的好建议、好想法；从社会层面，社会的一些丑陋现象、不道德行为遭受曝光，受到谴责；社会的弱势群体、困难家庭因为网络舆论的报道，受到慈善人士的捐助；每个人在网络中学习了知识，关心国家大事，明辨了是非，提高了自己，并以行动回应了社会，充分体现了自己的人生价值。互联网的作用，覆盖全社会、宽领域、多方面、每个家庭、每个人。

互联网是人类有史以来最伟大的社会命运的变革之一。几千年文明一直延续至今，有着14亿人口的中华民族应该而且必须抓住历史机遇，勇立潮头，相对集中财力、物力、人力，开展互联网精神、互联网哲学、互联网技术的全方位、多领域的研究，攻关、总结、推广、规范和提升，使互联网作用在中国大地早日生根、开花和结果，造福世界的现在、社会的未来。

（二）念好关系经，共赢分享

社会的本质是关系，互联网的本质也是关系，可见关系之重要。关系是每个人立足于社会，经营好人生的关键的关键。

念好关系经，是座右铭。关系经，共赢分享。国家这样，单位这样，家庭这样，个人也这样。

我们每一个人做任何事情，都是在关系中进行，在关系中运作，不管是你求于别人，或者别人求于你，都是关系，都是合作。

两个或两个以上的个体，为了实现共同目标或共同利益，而自愿地结合在一起，通过相互之间言语和行为的配合与协调，从而实现共同目标，最终个人的利益也得到满足，这是一种合作，也是一种关系。但凡明智的人都能联合起来，协作思考，改变各自的命运，1＋1＞2。这样，就能产生最大的推动力，使人生获得成功。

合作的关系应该是快乐的事情。通过合作，弥补个人能力的不足，优势互补，取长补短，促进共赢。一堆沙子是松散的，可是它和水泥、石子、水混合后，却比花岗岩还坚硬。

首先，要增强关系意识。独木难成林，一个人的力量是有限的，要发扬合作精神，依靠团体的力量，集体的力量，才能办大事，快办事，办成事。

其次，与人分享，增进感情。与人合作，不管是快乐还是痛苦事，要与人分享，增加信任，促进感情。你懂得分享，也就打开了自己内心始终关闭着的那扇大门，你也就学会了接纳别人，别人也就更容易接纳你。

最后，要让合作方感到他很重要。人类天性的至深本质，是渴望为人所重视。要用真诚的心去感激合作方，感激别人，尊重对方，拉近心与心的距离，对方也会同样从内心感激你，用心回报你。这样，合作或共事，就会心情愉快，效率又高。

（三）社会回归最合理秩序，还有多长的路要走

自然生态就是最合理的秩序。秩序产生价值，它体现着人类对自然的价值，也体现着自然对人类的价值。互联网带给我们的是，改善关系，建立秩序的维度。

人类文明几千年，从原始的、单纯的、和谐的自然生态发展为现代的、复杂的、竞争的都市生态。文明发展了，秩序混乱了，是进步或者倒退?!

规则的强制性，变成了秩序。人们已经习以为常。

中国两千多年前就梦想建立"大同社会"。伟大的智人马克思科学地指出，人类未来的理想社会——共产主义社会。一代又一代的英雄们朝着理想目标，呐喊、流血、牺牲，社会改变了一些规则，也重新设计

了些规则，社会朝着自然的生态、自然的秩序而抗争、努力、期盼着。

互联网像春雷惊动了万物，大地普降甘雨，万物再发嫩芽，享受着春天的生命气息。互联网不但给人类带来了极大的方便，节约了大量成本，同时，一些人类一直想解决而未解决的事情，她很快就完满地解决了。

社会全方位、多层次、宽领域地全面轮回到自然生态的秩序，还有大量的工作要做，路还很长很长。相信互联网将发挥越来越大的作用，作为社会的每一个人都应尽心支持互联网事业的发展。

二、男女、性爱与婚姻

性关系构成人类的一切。

男女关系，是最基本的社会秩序。男人和女人，在太极图里是亲密的敌人。

社会中所有关系，不管是内容还是形式，都能归结为男女关系，这是回归。人世间所有道理，也都是从相生相克的男女关系中生成，这是原点。

在动物世界中，雄性所承受的压力在很大程度上来自争夺雌性，争夺十分残酷，唯有胜者才能得到交配和繁衍的权利。人类社会中，同样的压力以稍微隐蔽的方式也落在了男人身上。

一般而论，男性重行动，女性重感情；男性长于抽象观念，女性长于感性直觉；男性用刚强有力的线条勾画出人生的轮廓，女性为之抹上美丽柔和色彩。

男人抽象而明晰，女人具体而混沌。男人在风中飘摇，向天空奋飞，苦苦寻求着生命的家园。女人从不离开家园，她就是生命、土地、花草、河流、炊烟。

女人比男人更信梦。男人不信梦，但也未必相信现实。

周国平先生认为："女人有一千种眼泪，男人只有一种。女人流泪给男人看，给女人看，给自己看，男人流泪给上帝看。女人流泪是期望，是自怜自爱，男人流泪是绝望，是自暴自弃。"

　　男人和女人，各有各的虚荣。一般地说，男人更渴望名声，炫耀地位，女人更追求美貌，炫耀服饰。换个角度说，女人的虚荣不过是一个发型，一场舞会，对于家庭等大事抱着实际的态度。男人虚荣起来要征服世界，流芳百世，可不得了。

　　女人比男人更能适应环境。女人柔弱，有韧性，男人刚强，易摧折，女人比男人更经得住灾难的打击。

　　男人凭理智思考，凭情感行动。女人凭感情思考，凭理智行动。所以，思考时，男人指导女人，在行动时，女人支配男人。

　　男人通过征服世界而征服女人，女人通过征服男人而征服世界。

　　男人和女人的虚荣不是彼此孤立的，他们实际上在互相鼓励。如果没有异性的目光注视着，女人们就不会这么醉心于时装，男人们追求名声的劲头也要大减。

　　一个男人和一个女人要彼此以性别对待，前提是他们之间存在发生亲密关系的可能性，哪怕他们永远不去实现这种可能性。

　　男女之间，凡亲密的友谊都难免包含性吸引的因素，但未必是性关系，更多的是一种内心感受。

　　蒙田曾设想，男女之间最美满的结合方式不是婚姻，而是一种肉体得以分享的精神友谊。两性之间的情感或超过友谊，或低于友谊，所以异性友谊是困难的。

　　男女关系是一个永无止境的试验。

　　好女人能刺激起男人的野心，最好的女人还能抚平男人的野心。

　　女人本来就比男人更富于人性的某些原始品质，例如情感、直觉和合群性。因而，女人不是抽象的"人"，而是作为性别存在的"女"，更多地保留和体现了人的真正本性。现代社会中，男人奋斗，女人生育，是不可避免的，也是好承受的，因为来自自然的分工。现代社会，男女角色的对换，反而增加了压力，因为不自然。

　　女人比男人更接近自然之道，这正是女人的可贵之处。女人比男人更属于大地，一个男人若终身未受女人熏陶，他的灵魂便是一个飘荡天外的孤魂。女人是我们与自然之间的最后纽带。

我们对女性只有深深的感恩，女性给了人生，给了世界的恩是永存的。

女人作为整体是浑厚的，她们被喻为土地。母爱是一个永恒的话题，母亲的慈爱形象永远是具体、丰满而伟大。

性始终是自然界的一大神秘。无论男人，还是女人都身在这神秘之中。对于神秘，人只能惊奇和欣赏。自有人类以来，男女两性就始终互相吸引和寻找，不可遏止地要结合为一体。

用自然的眼光看，人在发情、求偶、交配时的状态与动物并无本质的不同，一样缺乏理智，一样盲目冲动。性的确最充分地暴露了人的动物性的一面。然而没有欲与性，生命就不能延续，人也不得不受性欲的支配和折磨。

性爱是人生之爱的原动力。一个完全不爱异性的人，不可能爱人生。

对性的渴望，是人类对自然的依赖。

性的快乐短暂，爱的痛苦长久。有人喜欢短暂，有人喜欢长久，便有了爱恨情仇，世界便有了混乱。

无论性或爱，都能使人比动物弱智。性到了极致，需要爱的滋润。爱到了极致，需要性的征服。为了解脱，有人试图把性升华为爱，也有人努力地把爱简化为性，依旧苦海无边。

性和爱在太极图里平衡旋转，合道为一，便呈现圆融的本来面目，是性力。这是人体的根本能量，是人的生命力。生命落在生存的层面，就是性和爱。

自然赋予人类的使命，只是在万物演化中繁衍，基于性欲。

爱情是由真诚和作弊构成的。爱情之中的道理，就是天地之间的道理。

人正是通过亲情、性爱、友爱等这些最具体的爱，不断地建立和丰富了与世界的联系。爱的经历决定了人生内涵的广度和深度，一个人的爱的经历越是深刻和丰富，他就越是深沉和充分地活了一场。

爱的经历丰富了人生，爱的体验则丰富了心灵。爱的价值在于它自身，而不在于它的结果。

爱的给予不是谦卑的奉献，也不是傲慢的施舍，它是出于内在的丰盈的自然而然的流溢，因而是超越于道德和功利的。爱心如同光源，爱者的幸福就在于光照万物。爱心又如同甘泉，爱者的幸福就在于泽被大地。

对于生命的珍惜和体悟，是一切人间之爱的至深的源泉。

爱情不风流，爱情是两性之间最严肃的一件事。爱情是灵魂的事。真正的爱情是灵魂与灵魂的相遇，肉体的亲昵仅是它的结果。真正的爱情也许会让人付出撕心裂肺的代价，但一定也能使人得到刻骨铭心的收获。

爱情与事业，人生的两大追求，其实质均是自我确认的方式。爱情是通过某一异性的承认来确认自身的价值，事业是通过社会的承认来确认自身的价值。

爱情是灵魂的化学反应。真正相爱的两人之间有一种亲和力，不断地分解、化合、更新。亲和力愈大，反应愈激烈持久，爱情就愈热烈巩固。

爱，就是在这一世上寻找那个仿佛在前世失散的亲人，就是在人世间寻找那个最亲的亲人。

生命的意义在于爱。爱情中最重要的品质是：真诚、信任、包容。真爱都是美的、善的，超越是非和道德的评判。

爱是给予，对于爱者来说，是内在丰盈的流溢，是一大满足。

爱就是奉献，爱的快乐就在奉献中。

性是肉体生活，遵循快乐原则。爱情是精神生活，遵循理想原则。婚姻是社会生活，遵循现实原则。这是三个完全不同的东西。婚姻的困难在于，如何在同一个异性身上把三者统一起来。

爱情仅是感情的事，婚姻却是感情、理智、意志三方面通力合作的结果。理想的夫妻关系是情人、朋友、伴侣三者合一的关系，三者缺一，便美中不足。

如果两个人的结合只是性意义的结合的话，那么他们的幸福只能是短暂的一瞬。度过灿烂辉煌的一瞬之后，接踵而来的是寂寞和默然。

为了能使家庭的幸福长久，精神恋爱始终都应伴随肉体的性爱；同样，肉体的性爱如果不和谐美满，也会影响人的精神恋爱，使人彼此疏远冷漠。幸福的婚姻不仅需有思想交流，也要有感情交流，把感情关在自己心里，也就把妻子推到自己的生活之外了。

婚姻中不存在一方单独幸福的可能，必须共赢，否则，就共输，这是婚姻游戏的铁的法则。

在多数情况下，婚姻生活是恩爱和争吵的交替，因比例不同而分为幸福与不幸。夫妻争吵没有胜利者，结局不是握手言和，就是两败俱伤。

爱情似花朵，婚姻便是它的果实。植物界的法则是，果实与花朵不能俱全，一旦结果，花朵就消失了。由此类比，一旦结婚，爱情就消失了。果实与花朵不能两全，但果实有果实的美，只要你善于欣赏就是了。

结婚是神圣的命名。苍天之下，命名永远是神圣的仪式。"妻子"的含义就是"自己的女人"，"丈夫"的含义就是"自己的男人"，对此命名当知敬畏。没有终身相爱的决心，不可妄称夫妻。一旦结为夫妻，不可轻易伤害自己的女人和自己的男人，使这神圣的命名蒙羞。

相爱的人要亲密有间，结了婚，两个人之间仍应保持一个必要距离。即各人仍应是独立的个人，并把对方作为独立的个人予以尊重。太封闭和太开放都不利于婚姻的维护。爱侣之间保持必要的距离，要因人而异，不存在一个普遍适用的模式。但根本上说，就是互相尊重对方的独立人格，亲密有间，家庭成为一个亲密生活的共同体。

婚姻中的一个必须十分注意的问题是，不要企图改变对方。

牢固的婚姻必须以互相信任和互相包容为基础。

婚姻不是 $1+1=2$，而是 $0.5+0.5=1$。即两个人各削去自己的个性和缺点，然后互相理解、信任，生活在一起。

婚姻是一家私人专门银行，存储真爱和默契，提取幸福和快乐。夫妻双方互为账户，且存折是活期的，可以随存随取，而家庭则是这家银行里的柜台，通过它，夫妻双方可以把自己的喜怒哀乐尽情地存进对方的账户里，并可随时提取微笑、鼓励、安慰、体贴、温柔等利息。

燕妮曾经说："当你打算和一个人共同生活、白头偕老的时候……然而要做到这一点，我不仅应该成为一个贤妻良母，而且也应该成为他的同志，他的谋划人，不仅要相信而且要相敬。因为其中包括我的全部精神生活。不然的话，婚姻只不过是庸俗的契约，生锈的锁链，互相的折磨。"

通过分析，认识如下：

（一）如何认识和掌握男女关系问题

男女关系是最基本的社会关系。社会上的关系和道理都是从男女关系中生成变化而来的。

男女关系是宇宙自然生成而繁衍人类的遗传密码。

道法自然，宇宙自然的状态是由阴阳两方面旋转而成，自然界的一切生物都是自然的阴阳遗传繁衍而成，人类自然也在其中。自然界的阴阳在人的遗传就生成男人和女人。

自然界同时遗传给人以灵性，后来称为智慧。人在适应自然界的同时，不断提高自己的灵性，人自身机能及其构造的完善，人成为真正意义上的人。人在适应自然的同时，改造了自然，人有了更多的生活来源，又有了适合生活的环境，人发展了语言和文字，人成了社会人。

男人和女人在长期的自身的进化发展中，在适应及其抗争自然的过程中，以及自身的生理特点，便形成了男人和女人各自的生活习性、行为习惯、心理特质，虽然没有绝对的一致，但有很多的基本的趋同性。因此，在社会上，男人和女人承担着不同的社会角色，承担着不同的社会责任，在家庭中的角色也不一样。

男人和女人很多是一样的，又有很多的不同。

男女都要生活，吃喝拉撒睡，都有性的需求，都会恋爱，有情感；都要工作劳动，作为社会的角色，又创造收入，女人更多侧重在家务，男人主要在外面劳作奋斗。自然的因素及其行为习惯造成不同的特点。

男人爱用眼睛看女人，最易受美丽的诱惑；女人爱用心去想男人，最易受心的折磨。在聪明和美丽之间，女人注意前者，男人则往往看中后者。所以，男人选择女人凭感觉，女人选择男人靠知觉；男人爱看女人眼前怎么样，女人爱看男人日后有何发展。

世上女人很多，男人说值得爱的女人不止一个；世上男人不计其数，女人却说，值得爱的男人只有一个。

男人找女人时很少精心思索；女人找男人时常苦心琢磨。对女人来说，一辈子听不烦的话是我爱你；对男人来说，一辈子想不完的事是我爱谁。

男人的美，美在深度和真诚；女人的美，美在风度和表情。男人说，世间的美是因为有男人对女人的爱；女人说，女人给世界爱才产生一切美。

男人说做男人难，要为人夫，为人婿，为人父，要生命不息，奋斗不止，像拉满的弓和不能回头的箭；女人说，做女人难，要为人妻，为人媳，为人母，做女强人要受责难，退而守家，又是目光短浅。

于是，男人和女人时常想想，如果调换了位置又该如何呢？

男人和女人及其关系既平常又神秘，日常生活天天见，却又是一门精深的学问，应该而且必须组织力量进行系统、全面、深入的研究，对国家、家庭和个人都有好处。

（二）性爱为什么是社会的敏感问题

性爱指人类的有情感、用心地和异性进行亲密的行为，是怀着爱心和幸福感情的美好的男女性行为，它不同于单纯的肉体性交，更不同于父母之爱、朋友之爱。性爱是社会得以延续和发展的一种伟大重要动力。性爱是男女欢娱之事，性与爱是完美的统一体，其真正目的就是为了表达和追求内心之爱的幸福境界。

性是自然界的一大神秘，爱是人世间的一大神秘，性与爱的结合，神秘加神秘更加神秘。

性爱是人类的专有，直至现代，人类也一直没有解决好，也永远难于解决好。

性爱是人类的本能，人类的需要，是敏感的问题，是现实的问题，永远在试验，永远解决不了。

性爱是人生之爱的原动力，而且是人生的原型。

性爱在两性关系中袒露的不但是自己的肉体，而且是自己的灵魂——灵魂的美丽或丑陋，丰富或空虚。一个人对异性的态度最能表明他（她）的精神品级，他（她）在从兽向人上升的阶梯上处于怎样的高度。

性爱中的爱，真爱的必定温柔。爱一个人，就是疼她、怜她、宠她，因为她受苦，她弱小，把自己托付给你。女人对男人也一样。再幸运的女人也有受苦的时候，再强大的男人也有弱小的时候，所以温柔的呵护需要爱的滋养。

性爱的发生，既有神秘感，又有亲切感，既能给想象力留出充分余地，又能使吸引力发挥到最满足的程度。真爱应该是那张脸庞使你感觉到一种甜蜜的惆怅，一种依恋的哀愁。

性爱是排他性的，所排除的只是别的同性对手，而不是别的异性对象。专一的性爱仅是各方为了照顾自己的嫉妒心而自觉地或被迫地向对方的嫉妒心理做出的让步，是一种基于嫉妒本能的理智选择。

罗素曾经说："男女之间完善的爱是自由而无畏的，是肉体和精神的平等结合，它不应当由于肉体的缘故而不能成为理想的，也不应当由于肉体干扰理想而对肉体产生恐怖。"

性爱问题平常而又复杂，普遍而又敏感，自然而又社会性，社会的很多矛盾也由于性爱问题而引发，性爱问题应该引起社会的高度重视，人们的注意。

（三）牢固的婚姻是社会稳定的重要方面

叔本华说过："性爱的发生，是男女以未来的第二代为主体，在肉体、智慧、道德方面取得互相弥补和适应，幸福的婚姻则更加上精神特性的调和。"

婚姻不仅仅是两个人的结合，婚姻的情况关系婚姻双方的人生幸福，关系到子女及其家庭的方方面面，同时也会影响社会的安定稳定。

婚姻的好坏，质量的高低，是否牢固，关键是婚姻双方的关系怎样处理，虽然家庭的情况和社会的因素也有一定的影响，但关键是婚姻的双方。

既然结婚，结为夫妻，信为万事之本，这是婚姻的基础。人都不是十全十美的，谁都可能犯错，双方都必须本着宽容的态度，尽量避免关系的破裂。在人生中，婚姻的双方都有各自的爱好、兴趣和交往。夫妻双方要保持一定的距离，互相尊重，互相爱护，互相支持，在婚姻问题上共同维护，人格上彼此珍惜。

婚姻是个人的问题，也是社会的问题，必须引起社会的高度重视。

婚姻虽然不是家庭的全部内容，但毋庸置疑却是家庭的核心内容。家庭是社会的细胞。如果"细胞"不健康，必然也会影响到社会这个"肌体"的健壮，所以婚姻问题历来是社会关注的问题。目前，全国正在努力构建和谐社会，其中一个重要内容就是构建和谐家庭，推动和维护婚姻家庭的和谐和睦。夫妻打理好自己的婚姻，也就是为社会的和谐稳定做贡献。

三、家庭、妇女与孩童

　　苏联的马卡连柯说："家庭是社会的一个基层细胞，人类美好的生活在这里实现，人类胜利的力量在这里滋长，儿童在这里生活着、成长着——这是人生的主要快乐。"家人互相结合在一起，才真正是这人世间的唯一幸福。家是世界上唯一隐藏人类缺点与失败，而同时也蕴藏着甜蜜之爱的地方。

　　家是一只船，在漂泊中有了真爱。人世命运莫测，但有了一个家，有了命运与共的好伴侣，莫测的命运也不复可怕。

　　人生的航行中，需要冒险，也需要休憩，家就是供我们休憩的温暖的港湾，家中琐屑的噪声也许正是上天安排来放松我们精神的人间乐曲。

　　家庭是人类一切社会组织中最自然的社会组织，是把人与大地、与生命的源头联络起来的主要纽带。有一个好的伴侣，会给人一种踏实的生命感觉。否则，无家容易使人陷入一种在世上没有根基的虚无感觉。

　　家是一个场所，更是一个具有生命的活动。家，因为共同生活，生命随着岁月的流逝而流逝，转化为这个家的生命。

　　家庭是组成社会的基本细胞，家风与社会风气密不可分。家风正，则民风淳，政风清。家风是一个家庭的精神内核，也是一个社会的价值缩影。

　　历史的长河中，朝代变迁，万物变化，能让我们民族屹立不倒的，家风的传承起重要作用。家风是一条河，承载了家族的荣辱兴衰；正如一本书，记录着家族的精神密码；恰似一首歌，高扬着生活的主旋律。

优美的家风具有浓郁的书香气息；注重长辈的以身作则，行为示范；强调平等对话，鼓励孩子自强、自立、自律；重视精神引领，促进孩子优秀品格的形成、人格的塑造。

家是最小的国，国是千万家。家庭是连接个人与国家的纽带。家庭的"家风、家规"，不仅是一家一户的事，而且事关社会风气，是时代的事情，国家的事情。

家庭要讲爱，不可讲理；要安静，不可吵闹；要清爽，不可凌乱；要真诚，不可虚伪；要自由，不可强迫；要温存，不计小节。家庭要关心、体贴、理解、包容、忍让，家要幸福。

家庭的变动程度与社会变迁的速度快慢是基本对应的，这是家庭变动的一个大致规律。家庭的状况、结构、功能、安危都与社会发展密切联系，家庭承担着一定的社会功能。

"家"的观念根深蒂固，她是一个五脏俱全的小社会。人的一生就生活在相互依靠的家庭关系中。家庭具有育幼和养老的功能。养育儿女对父母来说是自己为养老进行储备，赡养父母对于子女来说，是自己对父母养育储存的延期支付。现代的中国，虽然社会保障有了很大的发展，但大多数的农村老人还得靠家庭养老。

家庭是社会发展到一定阶段的历史产物，家庭既是一种制度，也是一种文化。家庭治理好了，世事无有不成。没有家庭的和谐，就没有社会的和谐。没有家庭的平安，就没有整个社会的安宁有序。

一个美好的家庭，要有真正的认识、信赖、缘分、宽谅，才能有祥和圆满的幸福。人的一生最大的幸福，莫过于家庭的幸福；最伟大的亲情，莫过于夫妻之情；最有必要的忍让，是夫妻间的忍让；最不容忽视的关心，是夫妻间的关心。

家庭的美，是晚餐温暖的粥饭，家人围炉的夜话；是妈妈温暖的目光，父亲厚实的手；是孩子欢愉的戏耍，脏兮兮却带笑的脸颊。家是一个可以为我们遮风挡雨的地方，家是一个可以给我们温暖，给我们希望的地方，也是我们精神上的寄托。

家和万事兴，家庭和睦，万事兴隆。

夫妻要互敬、互爱、互信、互慰、互勉、互让、互谅。

家是一种文化、一段时光、一种情怀。

家庭永远是人类社会的基础。家庭是人生的主要快乐，世间最美丽的景象，人类的美好生活在这里实现，人类胜利的力量在这里滋长。

女人比男人更接近自然之道。女人只有一个野心，骨子里总是把爱和生儿育女视为人生最重大的事情。一个女人，只要她遵循自己的天性，那么，不论她在痴情地恋爱，在愉快地操持家务，在全神贯注地哺育婴儿，都无往而不美。

女性是永恒的。这永恒的女性化身为青春少女，引我们迷恋可爱的人生；化身为妻子，引我们执着平凡的人生；化身为母亲，引我们包容苦难的人生。在这永恒的女性引导下，人类世代延续，生生不息，不断唱响生命的凯歌。

高尔基说过："没有太阳，花朵不会开放；没有爱便没有幸福；没有妇女也就没有爱，没有母亲，既不会有诗人，也不会有英雄。""妇女对世界说来是母亲。不仅因为母亲生儿育女，而且重要的是因为她教育人，把生活的快乐给人。"

母亲是一个永恒的话题。对于每一个正常成长的人来说，"母亲"这个词意味着孕育的耐心，抚养的艰辛，不求回报的爱心。直到我们饱经了人间的风霜，或者自己也做了父母，母爱的慈爱形象在我们心中才变得具体、丰满而伟大。

好的女人是性的魅力与人的魅力的统一。她一方面能包容人生丰富的际遇和体验，其中包括男人们的爱和友谊；另一方面又能驾驭自己的感情，不流于轻浮，不会在情欲的汪洋上覆舟。

现代社会很强调女人的独立性。所谓现代女性，其主要特征大约就是独立性强，以区别于传统女性的依附于丈夫。过去女人完全依赖男人，主要是社会的原因。正常看，最好是既独立，又依赖，人格上独立，情感上依赖，这样的女人才是可爱的，和她一起生活既轻松又富有情趣。

好女人也善于保护自己，她不是靠世故，而是靠灵性。她有正确的直觉，使她成为忠实的人生导师，使她在非其同类面前本能地引起警觉，报以不信任。

女人的肉体和精神是交融在一起的，其肉欲完全受感情支配，精神又带着浓烈的肉体气息。所以女人爱文学，最喜欢作家。

从小就开始学习爱，然而直到我们做了父母，才真正学会了爱。一个男人深爱一个女人，一个女人深爱一个男人，潜在的父性和母性就会发挥作用，把情人当孩子一样疼爱。当真的做了父母，有了真正意义上的父爱和母爱，才深刻地理解爱的含义。

冯友兰先生指出："女人出嫁则为妇，男人出仕则为臣。……在以家为本位的社会中，一般的女人在夫家应负的义务大概是上则事亲，中则相夫，下则教子。此所说事亲，是一女人事其夫的亲。一女人既为妇，即无暇自事其亲，而只可事夫的亲。……善事其夫的亲者是孝妇，善相其夫者是良妻，善教其子者为贤母。孝妇，良妻，贤母，是每一个女人所应取的立身的标准。"

家本位的社会，女人完全是家里人。在许多地方，家里人成为女人的别名，有的地方称女人为屋里人。某人的妻，亦称为某人的家里人，或某人的屋里人，或简称某人家里。女人活动范围，未嫁时不出其母家，嫁之后不出其夫家。"在家从父，既嫁从夫，夫死从子"，所谓"三从"。女人真正是家里人。

家本位的社会，女人的社会地位低于男人一等。有俗语说："面条不算饭，女人不算人。""家里人非人。"为此，一般的父母，重生男，不重生女。女儿长大，即须出嫁，是"赔钱货"。新时代，重男轻女的观念已有所改观。

家本位的社会，夫妻的离合，不是很随便的，夫妻一合即不可复离，夫妻的离合是一大家人的事。寡妇再嫁，为不道德，宋以后，"饿死事小，失节事大"之说。中国历史中，家本位社会，愈后愈渐完备。

以社会为本位的社会，冲破了家的壁垒，家庭逐渐社会化，妻为子、妻为夫的责任减轻了许多，妻已不是夫的"内助"，但妻子大多承担起照顾孩子的任务。她还须在家里当贤母。

在现在的世界中，要根本上解决妇女问题，一是重新确立女人之家里人的地位；二是根本上解决儿童问题。没有儿童问题，自然而然就没有了妇女抚养问题。女人只有解决了抚养小孩的问题，在社会上可以与男人一样做事，才可能真正实现地位平等。

要根本上解决妇女问题，必须从经济上、制度上、政策上引起重视，相应配套解决。

孩子是使家成其为家的根据。有了孩子，家才有了自身的实质和事业，摇篮才是家园的起点和核心，真正的家园生长起来了。

在幼儿期，心智的各个要素，包括感觉、认知、语言、想象，如同刚破土的嫩苗，开始蓬勃生长。童年似乎是最不起眼的，其实是人生中最重要的季节，对性格的形成产生重大作用。少年时期无疑是至关重要的，他们更加看重爱情、友谊、荣誉、志向等精神价值，较少关注金钱、职位之类的物质利益。这个时期，身体和心灵都发生着急剧的变化，因为求知欲的觉醒和性的觉醒，即发现了人生。

孩童的成长是一个不断学习的过程，学习如何做人处世，如何思考问题。其实，学习的场所不仅是课堂，还有大自然，生活中的五彩缤纷，他人的善意或恶意，智者的只言片语，还有人类创造的精神财富，都会是人生的一课，都可能改变人生的方向。

对于孩子的童年，大人务必要珍惜和爱护。如果执意要把孩子引上成人的轨道，是世上最愚蠢的行为。溺爱是动物性的爱，不能把孩子当作宠物或工具，应该做孩子的朋友，不但爱他疼他，而且给予信任和尊重，让亲子之爱获得一种精神性的品格。这样，孩子便能逐渐养成基于爱和自信的独立精神，从而健康成长。

爱孩子，一定要让孩子有一个幸福的童年，以此为孩子一生的幸福奠定基础。一方面舍得花时间和孩子共度欢乐时光，让孩子享受亲情；另一方面切忌拔苗助长，保护孩子天性和智力的健康生长；此外还要注意培养孩子的人生智慧和独立精神，重视孩子的兴趣和爱好，鼓励、促使和帮助孩子的理性能力保持在活跃的状态。

父母的榜样对孩子的熏陶能产生显著的作用，父母必须提高自己的素质。要说孩子懂的话，不要说孩子不懂的话；要留心倾听孩子的提问，鼓励孩子想象问题；要以平等、谦虚的态度和孩子进行讨论，不知为不知。将父母的爱和榜样融化在孩子的快乐生活中，孩子在快乐的生活中感受到爱和父母对自己的信任、重视和期望。

孩子的性格培养，主要是顺其自然，以鼓励和引导为主，对优点以热情的肯定，对弱点予以宽容，点到为止，为孩子的个性发展提供自由空间。

家庭教育，就是孩子生命生长的教育。就是让孩子萌生爱学习，会学习；爱生活，会生活；爱相处，会相处的意识，并乐于在现实中动手，去探究。家庭教育，也是对"根"的教育，"心灵"的教育，只有"根壮""心灵好"、状态好，才能"枝粗叶茂"，恰是"庄稼养根，育人养心"。

集体生活是儿童之自我向社会化道路发展的重要推动力，为儿童心理正常发展的必需。一个不能获得这种正常发展的儿童，可能终其身是一个悲剧。

父母必须让孩子知道，父母不可能陪伴他们一辈子，必须从小培养孩子的社会意识和独立意识。在成长的道路上，不可能是一帆风顺的。成功往往是与艰难困苦、坎坷挫折相伴而来的。

英国哲学家、教育家赫伯特·斯宾塞说："教育中应该尽量鼓励个人发展的过程——应该引导儿童自己进行探讨，自己去推论。给他们讲的应该尽量少些，而引导他们去发现的应该尽量多些。"

通过分析，我们认为：

（一）家庭随着社会的变化而变化

家庭是社会发展到一定阶段的历史产物。家庭是一种制度，也是一种文化。家庭是社会的细胞，也是我们了解社会的窗口。

人类的初期，生产力低下，人类主要靠自然解决食、住、穿、行，生活简单，思想幼稚，行为粗俗，关系单纯，社会就是一个家庭，家庭就是社会，她就是氏族社会。

随着人体构成的完善，机能的发达，工具的制造，适应自然能力增强，开始了改善自然，生产力大大发展，能力的大小占有资源就不一样，人的关系产生了等级，自然的社会开始了部落、集团，直至产生维护自己领地的国家，在各地土地上出现了家庭。开始的家庭人口多，有的是多代同堂，有的是一个角落，有的是一个区域一个家庭。家庭的最长辈者为家长，设立家规、家教。

社会经过几千年来的变化发展，社会形态也经过几大变化，科学技术的极大发展，生产力的突飞猛进，部落的争夺，国家间为了资源发生了战争。人类整体生产产品分配不公，多数人贫困，家庭困难，家庭相对小型化。社会开始有了分工，发展专业化、商品化、市场化，学校、医院等公共事业不断普及发展。家庭的部分职能如生产职能、教育子女、抚老养老逐渐由社会承担，家庭更相对小型化。

家里家外，亲人，朋友，爱人，亲情，友情，爱情，每天围绕着家展开、伸缩，或远或近，或浓或淡，或离或散，或真或假的情感、苦辣辛酸在家的左右上演，诠释。

坦率和忠诚是家庭幸福的稳定剂，大度和包容是家庭幸福的催化剂，责任和义务是家庭幸福的防腐剂，幽默和开朗是家庭幸福的润滑剂。

移动互联网的应用普及，给予社会很大影响，社会发展全面提速提质，人们的生活方便了很多。互联网的智能化、自动化、信息化大大减少了家庭的工作和责能，孩子教育等家庭的很多事务都将智能化，大大减轻了妇女在家的工作时间，妇女真正获得了自由，孩童普遍接受良好的教育。

社会的变化发展促进家庭的变化发展，家庭的变化发展也可以促动社会的变化发展。

随着社会的不断发展，人们的思想观念不断提升，人类必然回归丰富、秩序、人文、自然的生态社会，家庭也必然产生如意的变化。

（二）妇女的平等自由是衡量社会进步的天然标准

没有妇女的参与就不可能有伟大的社会变革，社会的进步可以用女性的社会地位来精确地衡量。

前面的分析了解到，以家为本位的社会中，妇女是孝妇、良妻和贤母，妇女是家里人，基本上一辈子就在这个家庭。以社会为本位的社会，人的生活由家庭化而走向社会化。人离开了父母，而独立生产，独立生活，他为子的责任和妻为妇的责任减轻了许多。

妇女为母的责任尚不能减轻。现代社会这样发达，也只能承担孩子的幼儿园及其小学以后的学习，幼儿园前婴儿的抚育以及怀孕期间，不方便出去工作，生活各方面很多还要靠丈夫，受丈夫的支配，她不能完全地自由，还需在家里当贤母。

妇女问题与儿童问题是密切关系的。儿童问题解决了，妇女问题亦跟着解决，否则妇女问题的根本解决是不可能的。

柏杨说过："女人跟男人一样的也是人，也是独立的人。女人有拒绝大男人沙文主义的权利，有拒绝当男人附件的权利，有拒绝被男人骑到头上吆五喝六的权利，有主动提出离婚的权利。"

随着社会的发展，生产力的提高，在妇女怀孕及婴儿抚育期间，国家可以给予补助，并大大延长休假时间。另外，在适当的时候，国家可以把婴幼儿集中抚育、培养，尽量减少妇女的负担。这样，妇女可以获得真正的平等自由。

（三）家庭教育是铸就孩童未来的基础工程

孩童的成长由家庭、学校、社会等多方面协同作用而铸就孩童的未来，然而家庭教育是基础工程。婴儿出生后几年时间都在家中，幼儿从懵懂无知到天真活泼的孩童，一直和父母在一起，父母的影响和作用是相当大的，应该说父母是孩子的第一任老师。

孩童的未来多种多样，千差万别，孩子是家庭的希望，是社会的未来。父母对于孩子都倾注全部的爱，用尽全部心血，这是人之常情，也是中华民族的传统。孩子长大成人步入社会，表现的社会效果不一样，这跟家庭教育有很大关系。家庭教育是门大科学，关于教育方法大家都可以说一套，但真正管用、实用、有用不容易。

首先，孩子是一张白纸，你画什么、怎么画就很重要了。要善于发现、保护和引导天性的成长，从孩子的玩耍、兴趣、言语中观察孩子的心灵倾向、性格趋势、行为动向，根据观察情况而采取赞扬、鼓励、默许、推脱等顺其自然、顺水推舟、婉转改变的方法，坚持发扬正能量，培养向上的性格、独立的人格、热情好动、自己动手，对事物兴趣、喜欢分享、乐于帮助别人，不是一味追求物质等潜在的人生火种，并经常注意，予以浇水施肥，有野草予以控制或婉转谢绝，一切目的都是为了"苗正"，"根深"，才能来日叶茂。

其次，注意发现孩子的兴趣，发现闪光点，启发孩子提问，与孩子讨论，尊重孩子的意见，经常调换活动玩耍的场所、类型和方式，活动中，用心了解以至启发孩子的收获。这些目的在于培养、发现和激发孩子的智力，使孩子的智力和思维经常处于活跃状态。不要急于传教学校学习的内容，不要拔苗助长，主要培养孩童学习的兴趣，以及爱思考的行为。

还有，和孩子开展有益于身心健康的活动。比如打球、跳绳、棋类、游泳、乐器、朗诵、演讲等的活动，为孩子的发展打下良好的基础。

　　瑞士教育家裴斯泰洛齐曾说过："道德教育最简单的要素是'爱'，是儿童对母亲的爱，对人们积极的爱。这种儿童道德教育的基础，应在家庭中奠定。儿童对母亲的爱是从母亲对婴儿的热爱及其满足于身体生长需要的基础上产生的。进一步巩固和发展这一要素，则有待于学校教育。教师对儿童也应当具有父子般的爱，并把学校融化于大家庭之中。"

　　家庭是父亲的王国，母亲的世界，儿童的乐园。

四、国家、族群与规则

国家是由领土、人民（民族，居民）、文化和政府四个要素组成的，国家也是政治地理学名词。从广义的角度，国家是指拥有共同的语言、文化、种族、血统、领土、政府或者历史的社会群体。从狭义的角度，国家是一定范围内的人群所形成的共同体形式。国际法上的国家实体必须具备的条件：人民，固定人口；领土，持有并管理之地理位置；政府，行事的机构；主权，对内拥有管理权，对外以国家名义互动。

原始人类和工具结合之后，提升了他们的生存能力和智慧。他们遭遇大自然的挑战，威胁更来自同类。为了自我保护，对抗同类的威胁，同时在贪欲的作用下，为了抢夺同类的财富和资源，形成了组织，进而发展为国家。国家追求自身发展和进化，从社会的基础上演变而来。

国家是阶级统治的工具，是统治阶级对被统治阶级实行专政的暴力组织，主要由军队、警察、法庭、监狱等组成。家是最小国，国是最大家。恩格斯指出："国家是经济上占统治地位的阶级进行阶级统治的政治权力机构。"国家是一个成长于社会之中而又凌驾于社会之上的、以暴力或合法性为基础的、带有相当抽象性的权力机构。

物质资料生产水平低下时，以血缘关系为纽带的氏族制度，成为国家产生以前对社会进行管理的基本社会制度。随着物质资料生产的发展，人们在物质资料生产过程中结成的生产关系逐渐代替了血缘关系，使社会结构发生了根本变化。国家也必然伴随着阶级、阶级矛盾的彻底消灭而自行消亡。这是国家的产生、发展、消亡的客观规律。

互联网对国家的影响，是一种制衡，一种来自无数个体的制衡。其制衡的作用力，既可能是渐进的，也可能是突发的。它来自民间，无中心，有主张。全民制衡是种对社会有价值的力量，一旦制度化，变得持续而稳定，直接后果是国家的回归。

中国目前正进行改革，目的在于为了中华民族的伟大复兴，也是回归自然，回归人文。这需要某种程度的全民共识，形成全民制衡。互联网思维，破解难题的思维；互联网智慧，集中全民的智慧；互联网力量，推动前进的力量。

文明的发展，会让每个国家都变成互联网国家。用互联网思维来看互联网国家，能看到四个特点：透明、安详、高效、和谐。人要活得更像人。人是社会型动物，人与人之间永远会有尊卑上下，有领头的和跟班的，但人是感情丰富的动物。人必须成为人。

互联网对于国家有重要作用。首先，互联网能够起到制约、监督、建言的作用；其次，互联网能让国民从深层领悟外面的世界，唤醒文明意识；还有，互联网能让真相"多、快、好、省"地击碎无所不在的谎言，让人们恢复人性。互联网直截了当，让民主无须那么多争论。

民族是经过长期历史发展而形成的稳定共同体，指在文化、语言、历史与其他人群在客观上有所区分的一群人。由于历史原因，一个国家可以有不同民族，一个民族可以生活在不同的国家里。一个国家也可以有多个民族。

中国这个具有悠久历史的大国，共有 56 个民族。中国的主体民族是汉族，其他 55 个法定民族均是少数民族。

民族出现在国家这个概念出现之后一段时间。民族要成为民族，需要长期的历史（并且有史籍记录），需要文化积淀，需要语言共通。因此一个地方先有部落（依靠血缘关系形成的亲族），部落强大可以联合其他部落，发展成部落联盟（国家雏形），因为生产力发展，不断地战争，国家机器开始运转，阶层趋于多样，较多的人持有民族的意识而形成民族。

汉族最早是由夏民族发展而来的，汉族的先民们经历了夏商周三代的长期发展后，到春秋战国时，在中原一带形成了一个统一的、稳定的民族，即华夏族。汉族的称呼始于汉代。又由于华夏族是当时的主要民族，后来人们就把华夏作为中国的代称。

华夏族，即汉族。汉族的文化丰富多彩，在其形成和发展的历史过程中，开放虚怀、兼收并蓄，形成了齐鲁、中原、燕赵、关中、巴蜀等多个各具特色的区域文化，反映了汉族文化的多元性和多彩性。汉族自古对各种宗教信仰采取兼容并蓄的态度。乐天知命（命自我立，福自己求）和尊敬祖先（而不是祖先崇拜）是汉族的主要传统观念。历史上汉族人一部分信仰道教和佛教；后来天主教、基督教传入中国，又有一些人开始信仰这些宗教。几千年来，提倡以仁为中心，重视伦理教育，由孔子、孟子思想体系形成的儒家学说对汉族产生着深刻的影响。

群落具有一定的种类组成。任何一个生物群落都是由一定的动物、植物和微生物种群组成。不同的种类组成构成不同的群落类型。

群体即不同个体按某种特征结合在一起，进行共同活动、相互交往，就形成了群体。群体与个体相对应，是个体的共同体。个体往往通过群体活动达到参加社会生活并成为社会成员，并在群体中获得安全感、责任感、亲情、友情、关心和支持。

群体规范对个体行为的制约表现为服从和从众。群体规范通过内化—外化的机制影响个体思想和行为的变化。群体有其自身的特点：成员有共同的目标；成员对群体有认同感和归属感；群体内有结构，有共同的价值观，群体具有生产性功能和维持性功能。

社会群体的社会功能主要是完成社会任务，实现社会目标。由人组成的各种社会群体承担着不同的社会任务，履行不同的社会功能，促进社会进步；另外，社会大系统是由许多社会群体构成的，社会的稳定取决于群体的稳定，通过群体的稳定达到社会的稳定，以此促进社会发展。

规则，是运行、运作规律所遵循的法则。

规则，一般指由群众共同制定、公认或由代表人统一制定并通过的，由群体里的所有成员一起遵守的条例和章程。规则是得到每个社会公民承认和遵守而存在的。规则都具有绝对的或相对的约束力，都具有制约性，制约性是普遍存在的。规则，也不是一成不变的，它随着生活的需要和社会的发展而不断完善或相继废立。

规则一般来说，是斗争（不论大小）结束时，进入稳定状态后人们所形成的观念（在人们潜意识中）。成文的规则的目的是以潜意识中观念的方式维持稳定。它的存在是统治阶级为了最大限度地维护自己的阶级利益而制定的。

规则是人类生存之道。规则的本质，是限制自由、制造平等。真诚需要规则保护，作弊需要规则约束。

人为的规则有三种：群发的、商定的、强加的。

群发规则主要是自发的、滋生的、俗成的、公认的，它来自大量普遍个体，表现为社会风气。这种规则一旦成为强者的工具，群发规则就成为丛林法则，社会就变成野兽丛林。

商定规则，是人类文明的特征。这种规则，能平衡参与商定的各方需求，最大限度地照顾底层。但它协商是缓慢的，反复无常的，是反效率的。

强加规则，是高效的，来自强者。这种规则的基础是暴力。它的高效及其带来的极端秩序，都是人类组织行为中的最高境界。

互联网本身就是一种规则。但是，这种规则不是人为的，不属于上面三种规则中的任何一种。这种奇妙的规则，是互联网自然伟力的源头。互联网的本质是人文的，人文的本质是自然的。

社会原本的规则，是为了弥补道德。道德体系反过来掩护规则体系，解释权、行使权、修改权都归属规则制定者。正好，互联网改变了这一切，因为规则在回归自然的本色。

自然轮回，把人世间的规则变成了无组织的秩序。

自然规则下，任何个体都能平等面对整体，任意在其中寻找自己的部落，实现更合理的生存，加入和退出的成本为零，风险有限、可控。互联网世界的恩惠，在于人人可以成为规则的制定者。制定规则的人，往往是最大的受益者，这是生物的法则。

互联网的规则，是另一维度里的制度。

通过以上分析，我们的启示如下：

（一）让互联网成为新时期做好工作的基本功

互联网这个世界伟大的创造，应用普及不久，便显示出强大的生命力和活力。互联网不仅在生活和工作中带来了很多方便，同时在互联网的这个社会信息大平台，广大网民在上面获得信息、交流信息，这对他们的求知途径、思维方式、行为习惯，价值观念产生重要影响，特别是他们对国家、对社会、对工作、对人生等方面的看法产生重要影响。

互联网作用是多方面的，包括互联网思维、互联网科技、互联网人文、互联网精神、互联网革命、互联网规则、互联网价值、互联网哲学，等等，互联网问世不久，对于互联网思想、社会、人文、哲学方面研究还不多，特别是为了实现"两个一百年"奋斗目标，怎样利用互联网的作用，组织、动员全社会各方面同心干，使全国人民心往一处想，劲往一处使。习近平同志指出："为了实现我们的目标，网上网下要形成同心圆。什么是同心圆？就是在党的领导下，动员全国各族人民，调动各方面积极性，共同为实现中华民族伟大复兴的中国梦而奋斗。""各级党政机关和领导干部要学会通过网络走群众路线，经常上网看看，潜潜水、聊聊天、发发声，了解群众所思所愿，收集好想法好建议，积极回应网民关切、解疑释惑。善于运用网络了解民意、开展工作，是新形势下领导干部做好工作的基本功。"（2016 年 4 月 19 日，在网络安全和信息化工作座谈会上的讲话）

网络空间是亿万民众共同的精神家园。要依法加强网络空间治理，加强网络内容建设，培育积极健康、向上向善的网络文化。建设网络空间天朗气清、生态良好、正能量充沛、主旋律高昂的人们喜爱的网络空间。

网民来自老百姓，老百姓上了网，民意也就上了网。

（二）民族问题依然是国家极其重要的问题

民族问题，一般来说有广义和狭义之分。从广义上讲，民族问题还涉及民族自身的发展以及民族和阶级、国家之间的关系问题。从狭义上讲，民族问题是指从民族产生、发展直至消亡的各个历史阶段，不同民族之间在社会生活的各个领域发生的一切矛盾问题。民族之间存在矛盾，才会产生民族问题。

民族是在人类长期历史发展过程中形成的。民族问题的发生和发展也经历了很长的历史过程。民族问题是社会发展总问题的一部分，是一个社会政治问题，属于一定的历史范畴。

民族是一定历史发展阶段形成的，具有共同的语言、地域、经济生活及其表现于共同文化之上的共同心理素质的稳定共同体。

民族区域自治制度，就是在少数民族聚居的地方实行区域自治，是中国的一项重要政治制度。同时，为了促进少数民族政治、经济、文化等各项事业的全面发展，制定了一系列民族政策。主要内容包括：坚持民族平等团结；民族区域自治；发展少数民族地区经济文化事业；培养少数民族干部；发展少数民族科教文卫等事业；使用和发展少数民族语言文字；尊重少数民族风俗习惯；尊重和保护宗教信仰自由。

中华人民共和国成立以来的实践证明，中国的民族政策是成功的，走出了一条符合自己国情的解决民族问题和实现各民族共同发展、共同繁荣的正确道路。

民族是历史发展而形成的，一般都有悠久的历史，有自己的语言文字，应该说其文化、风俗、观念是根深蒂固的，民族的延续是长期的，不可能在一段时间内改变，所以，民族政策应该作为长期的国策。还有国际敌对势力时常挑起民族矛盾，制造分裂，务必引起我们的高度重视。民族问题是我们国家的基本国策，是我们国家极其重要的问题。

民族问题不论任何时期，它的发展变化及问题的解决，都是和社会发展的总进程及改造社会的总任务联系在一起的。解决民族问题，核心是实现民族平等和民族团结问题。

（三）规则将与人类共存

规则是人类的生存之道。

自有人类以来，在社会的各个方面，包括国家层面、族群的管理、民间的事务等的政策制定、法律法则、行政命令、规章制度、公约契约、合同协议等都是靠规则制定，靠规则遵守，因而社会运转到现在。

社会的很多事情，特别是规则的制定，规则的遵守，应该而且必须让互联网参与或协助，提高公众的参与度，使规则更科学、更完善、更公平。

规则是社会规范和发展的重要方面，互联网是自然伟力的源头，必将发挥伟大作用。

五、礼俗、习惯与道德

社会的礼俗，像人的习惯一样。风俗和礼仪的普遍极端流行，一般人都不知不觉自行奉行，则成为礼俗。社会的礼俗，开始时多是因为理智所认为的风尚、道德和礼仪的制度，以种种方法，比如教育、学徒等，许多人去做了，后来大家就流行起来，成为习惯，自然而然成为社会的礼俗。

礼俗在社会中，犹如空气，使人涵养其中。大家知道礼俗的行为规则，哪些事要做，哪些不要做，其对于维持社会安宁及其秩序作用非常大。遵守社会礼俗都是无意的，自然的。然而礼俗一旦形成，如发现礼俗有害，要改变是极其困难的。礼俗于社会或者有益，或者有害，或者各个历史时期对社会的影响不一样。

任何礼俗的形成，都是因为人生的需要，而且有可能，才会发生和存在下来。礼俗，指礼仪习俗，即婚丧、祭祀、交往等各种场合的礼节。传统的礼俗内容有冠礼、生辰、婚姻、祭拜、座次、丧葬等。礼俗的礼，指在社会生活中，由于道德观念和风俗习惯而形成的礼节；俗，指在社会上长期形成的风尚、礼节、习惯等，是群众通过长期社会生活认定形成的，大众化、最通行，常见的习俗。

礼俗是礼仪和风俗的合称。

礼俗使社会上每个人心理安宁，增强修养，每个人抱着与人为善，文明处事，人人都会体验社会清明，人文真诚，身心愉悦的风气；礼俗是家庭美满和睦的根基，使夫妻和睦，父慈子孝，兄弟互敬，乡邻互信，家庭幸福；礼俗是人际关系和谐的基础，社会是不同群体的集合，群体是由众多个体汇合而成，而个体的差异性是绝对的，礼俗创造了平等、和谐、友好的氛围。礼俗使社会协调，家庭和睦同心，个人幸福向上。

中国自古就有"礼仪之邦"之称，中国人也以其彬彬有礼的风貌而著称于世。礼仪文明作为中国传统文化的一个重要组成部分，对中国社会历史发展起了广泛深远的影响，其内容十分丰富。

孔子曰："不学礼，无以立。"在现代生活中，礼仪依旧是每一位现代人必备的基本素养。在古代中国，出行有礼、坐卧有礼、宴饮有礼、婚丧有礼、寿诞有礼、祭祀有礼、征战有礼，等等，礼仪文化渗透到生活中的各个方面，影响至今，也让我们有了约束自己言行，提升自身素养的很好的规范，在社会中成为一个言行得体的人。

风俗意指个人或集体的传统风尚、礼节、习性。是特定社会文化区域内历代人们共同遵守的行为模式或规范。主要包括民族风俗、节日习俗、传统礼仪，等等。风俗的多样化，人们往往将由自然条件的不同而造成的行为规范差异，称之为"风"；而将由社会文化的差异所造成的行为规则之不同，称之为"俗"。

"百里不同风，千里不同俗"，反映了风俗因地而异的特点。风俗是一种社会传统，某些当时流行的时尚、习俗，久而久之会变迁，原有风俗中的不适宜部分，也会随着历史条件的变化而改变，这就是所谓的"移风易俗"。风俗由于是社会历史形成的，它对于社会成员有一种非常强烈的行为制约作用。风俗是社会道德与法律的基础。

地理环境的不同以及文化的差异，世界各国，同一个国家的不同地区，同一地区的不同支派，其风俗都不同，都有很大差异。

中国是多民族的国家，汉族以及其他少数民族都各自风俗不同，有不同的节日，不同的庆祝方式，不同的祭祀方式，不同的禁忌。现在，节日多数变为欢快喜庆，丰富多彩，很多兼有体育、娱乐活动，并成为一种时尚，延续发展，经久不衰。

汉族的传统节日风俗形式多样，内容丰富，无一不是从远古发展过来，流传至今，充分说明汉族的古文明及其社会生活的丰富多彩。春节，一年之始，万象更新；元宵节，观花灯；清明节，祭扫祖坟；端午节，纪念屈原，吃粽子；中秋节，团圆赏月吃月饼；重阳节，也称老人节；冬至节，祭天祭祖……还有丧葬、婚姻、朝仪，等等。

世界上多数国家和地区采用公历纪年法，把1月1日定为新年的开始，称为元旦。庆贺新年的风俗，各国各地不同，不同时期也不相同。在欧洲各国各地，新年虽没有圣诞节那样隆重，但仍各具特色，自有风采。

世界各地风俗不同，生活禁忌也不一样。泰国人习惯合掌行见面礼，绝对不用红笔签名。日本人不喜欢别人敬烟。英国人和美国人，遇到朋友，习惯微微把帽子揭起点头致意。意大利人，习惯把帽子拉低，以示尊敬。有的对颜色的忌讳；有的对花的忌讳。西方人宴会避免在"十三日、星期五"举行，门牌号、楼房号、宴会桌号没有13号、乘车没有13号车。

世界不同的礼俗，构成了五彩缤纷的世界。

习惯既是社会的，又是个人的。一般来说，习惯便是从社会到个人，从个人到社会循环不已。几千年的礼俗传承不断就是一种习惯。

任何创造、发明、发现都出自内心的灵感，而任何习惯都有待于身体实践而后得以落实巩固。习惯形成于心身的循环不断，习惯未形成时，每次都要用心思量而行，效率低。动作熟练后，不须劳神照顾，自然动作敏捷而且效率高。

古语云"习与性成"，习惯在人的生活行为上的作用极其强大，不亚于气质。习惯和气质一样，也是依附身体上。习惯是出生后慢慢养成的，一旦形成，难以改变。强大的惯性湮没了人的自觉性，有时会贻误了事情。习惯，如果你不能很好地支配它，反而为它所左右。

习惯在生活上很有用，因为有用，才养成习惯。习惯人人皆有，好坏各不相同。勤勉与懒散、深思与轻信、慎取与盲从，这些都会在不同的人身上形成习惯。

习惯一旦养成，就会形成一种根深蒂固的东西，深入每个人的骨髓里，渗透到血液中，并将伴随他生命中的每一天。

习惯是以人自己的身体为温床，用自己的行为作养料培植起来的。但它反过来却可以左右一个人，迫使人服服帖帖地成为供它任意使役的奴仆。

行为变成习惯，习惯变成性格，性格决定命运。这种奇特的关系使得一些人出类拔萃、卓越超群；一些人平平庸庸、碌碌无为；一些人名节远扬、流芳百世；一些人身败名裂、遗臭万年。

良好的习惯可以成就一个人，让他终身受益。不良的习惯能够葬送一个人，使他深受其害，为害终身。

养成一个好的习惯不容易，但要改掉一个坏习惯很难，也很可贵，如同逆水行舟，顶风远征需要的是超乎寻常的毅力和超越自我的能力，否则你弱小的身躯就别想在天地间支撑起一个大写的"人"字。

一个单位，一群人在一起，以领导者、组织者的习惯引领下属的习惯，以整体下属的习惯形成单位的风气，塑造着集体的形象。

一切良好的利人、利己、利他、利社会，并且能够一直持续的行为，就是一个人的好习惯。著名教育家叶圣陶曾说过："我们在学校里受教育，目的是在养成习惯，增强能力。我们离开了学校，仍然要从多方面受教育，其目的还是在养成习惯，增强能力。习惯越自然越好，能力越增强越好。"为了养成好习惯，必须用"微习惯"，用一个个微小的步骤积累来实现。

在生活中，某些行为频繁发生时，就可能成为生活的习惯，这样，你的大脑神经就会命令你做相应的行为。鲁迅说："其实地上本没有路，走的人多了，也便成了路。"习惯是行为的反复出现形成的。

一个人最大的敌人是自己，改变坏习惯也是一个战胜自己的过程。生活总是属于能战胜自己的强者，只有强者才能改变命运。谁战胜谁取决于自己。

习惯形成的一个重要特征是重复性。为了养成好习惯，好行为必须重复多次，为了改掉坏习惯，阻碍行为也必须重复多次。

做习惯的主人，不要成为习惯的仆人。

道德在人类社会任何时代、任何地方都是少不了的，其含义也不同，但意思相差不多，这为人们在社会中能彼此相安共处提供了可能的道向。这种道向得到民众的公认和共信便成为当时当地的礼俗。行事须合于礼俗，就为其社会所尊崇而称为道德。礼俗随着社会需要而出现，而各时代各地区的社会会很多不同，所以礼俗都不一样，其道德也就不一样。但不同之中总有些相同点，人总是人，都要过社会生活。

道德，是由思想行为所表现的，有一定标准的社会风俗和习惯。它是一种社会意识形态，是人们共同生活及其行为的准则与规范。道德往往代表着社会的正面价值取向，起着判断行为正当与否的作用。道德具有调节、认识、教育、导向等功能，可以调整人与人之间以及个人与社会之间的相互关系。

道德是道和德的合成词。道是方向、方法、技术的总称；德指的是素养、品性、品质。道德双修是人生哲学。道德是后天养成的，它是做人做事和成人成事的底线。

人与人以生命相待，即同情或尊重，是道德的基础。没有同情或尊重，人就不是人，社会就不是人待的地方。人因为同情心的麻木和死灭，干了许多坏事，人沦为兽。善良是最基本的道德品质，是区分好人和坏人的界限。

对同类有真正同情心的人，同情心延伸到动物、植物身上，实属最自然的事情。是否善待动物、植物，所涉及的就不只是动植物的命运，其结果也会体现在人身上，对道德发生重大影响。为此，保护动物、植物就是保护人道，保护动物、植物就是人类的精神自救。

懂得尊严是最基本的道德问题。一个自己有人格尊严的人，必定会懂得尊重一切有尊严的人格。相反，如果你侮辱了一个人，也侮辱了你自己。高贵者是极其尊重别人，正是在对别人的尊重中，他的自尊得到了最充分的尊重。

我心中的"中华民族"概念：一个我们祖祖辈辈繁衍和生长的地方，一个生我养我的地方。无论走到哪里，无论是什么情况，我的身体里总是流着中国人的血，吃着中国土地上的粮食长大的。无论什么时候，我的子子孙孙的身体里永远流着中国人的血，吃着中国土地上的粮食。总而言之，是民族的概念，血缘的概念，任何时候，这个东西不会变。

苏联的普列汉诺夫曾经说："实际上，道德的基础不是对个人幸福的追求，而是对整体的幸福，即对部落、民族、阶级、人类的幸福的追求。这种愿望和利己主义毫无共同之处。相反地，它总是要以或多或少的自我牺牲为前提。"人们在自己身上珍存着如此可爱美好的德行，这对于人们本身无疑是幸福和幸运的无穷无尽的源泉。

守住底线，是基本的道德准则。不道德的事情，不正确的事情，绝对不做。比如，不说假话，是底线。如果做不到，再退一步，不说话，守住最后的底线，这，总做得到。易中天教授曾说："康德就说，一个人所说的必须真实，但没有义务把所有的真实都说出来。我现在奉行的，就是这个道德标准。我说的每句话都必须真实，但是我不承诺说出所有的真实。""守住底线，比追求高尚重要得多。"

道德是人类文明的基石，是公民的价值追求，也是社会进步的重要标尺。道德的发展是追求真善美，也就是爱心，爱自然、爱社会、爱每个人、爱自己。它最能打动人，感化人，需要长期的艰苦的修养过程。

通过分析，我们觉得：

（一）礼俗必须增加现代彩色

礼俗是劳动人民的历史创造。它是当时当地的人们通过长期社会生活认定形成传承下来的礼仪和习俗，并且形成一种习惯，被人们普遍自觉或不自觉奉行。它对于当时当地的人们起着积极的作用，对于维持社会安宁、活跃气氛和稳定秩序起到重要影响。

随着社会的发展，时代的进步，科技的深入，观念的更新，礼俗出现很多新情况，有的仍被人们所喜欢，对社会安宁、社会秩序仍有促进作用；有的显得美中不足，某些方面、某些环节需要做适当调整、完善及提高；还有的与人们的普遍心理不合，或对社会造成不好的影响，或是对社会有起反作用情况。所以对各种不同的礼俗应该要有科学的态度，或者鼓励、支持传承发展，或者在某些方面及环节做适当的调整、改进，或者有的必须从根本上改变其内容及其形式，赋予现代的精神和时代的精华。

礼俗属于意识形态方面，应该作为传统文化科学对待，抱着"兼收并蓄，推陈出新"的科学态度，区别对待，使历史的礼俗具有时代的气息，时代的韵味。现在，很多礼俗都增加了体育类、文娱类、智能类的活动，既古声古韵，又有时代精神，人们更喜欢，社会更欢迎。

礼俗文化是中华传统文化的组成部分，我们的时代必须传承、接受、创新、提高，使之更有生命力，为人们所喜闻乐见，也促进时代的发展。

（二）做习惯的主人

习惯是一种长期形成的思维方式、处事态度。习惯具有很强的惯性，像车轮一样，人会不自觉地服从自己的习惯，无论是好习惯还是坏习惯。习惯的力量会影响人的一生，它和工作效率、人际交往、生活品质以及命运走向都有直接关系。习惯这么重要，要让习惯为我们服务，做习惯的主人，让习惯为我们创造美好、充实、丰富的人生推波助澜。

1. 认识习惯的特点及其作用。动作和行为的不断重复，在潜意识中，转化为程序化的惯性，不用思考，便自动运作。这种自动运作，就叫习惯。

人的一生都受日常习惯的影响，习惯无孔不入，渗透生活的方方面面，经常以潜意识出现。一旦形成惯性，几点起床、怎样刷牙、洗脸、穿衣、吃早餐，等等，几十年如一日，影响深远。

2. 习惯要与时俱进。习惯都是一定的生理手段及特定的条件形成的，许多是不知不觉形成的。因为年龄的增大，心理生理的变化以及社会时代的变迁，一些原来的好习惯应该有所调整，或增减新的内容，或改变点形式，要有意识化，使习惯更好地为我所用；同时，对于好习惯要继续挖掘内涵，全面发挥潜力，老习惯新用。对于原来坏习惯，在新的条件下还是不行，必须下决心改掉，只要有决心，什么人间奇迹都有可能创造，更何况改掉坏习惯。

形成新习惯。社会在发展，时代在变化，科技在进步，人生不断成熟，人生的生活重点也会有所不同，根据自己的情况、需要及其社会的变化，要有计划有意识地形成新的习惯。习惯必须与时俱进。

3. 习惯必须为我所用。习惯是不经意形成的，习惯影响人生，但习惯必须服从我们人生的需要，听从人生的指挥、调控和安排。我们必须是习惯的主人，而不是奴仆。一切为我所用，好的习惯坚持，发挥好。坏习惯坚决改掉。这是我们的人生态度。

（三）守住底线是当前新形势下的道德基本准则和极其重要问题

道德，从古代到现代，从官方到民间，从国内到国外，从说教到榜样，内容丰富，形式多样，异彩纷呈，说明社会期盼文明，人间追求和谐。

现代社会变化日新月异，很多新的事物、新的气象、新的情况让人难以适应。好的社会风气，社会事业的发展，我们欢迎、笑纳，然而社会还有很多不尽如人意，或者说是歪风恶习，比如贪污受贿、假公济私、拉山头、搞小集团、一切向钱看、拉关系、跑后门、赌博、嫖娼、假话空话、政绩工程、欺上瞒下、崇洋媚外、外国的月亮圆、比住比穿比吃比行比玩、挥霍浪费……当然，这只是在一些地方某些时候比较严重，但务必引起高度重视。"千里之堤，溃于蚁穴"，一旦成为风气，就很难治理。

提倡道德的高尚是对的，作为榜样应该弘扬，应该学习，像白求恩、雷锋、焦裕禄、邓稼先等永远是我们学习的榜样，很多人做不到。但我们起码不要做坏事，不要做违法乱纪的事，不要做违背良心的事，这叫底线，是道德的起码要求。

道德的起码要求，作为中国人，要有堂堂正正的中国心；作为社会公共管理人员，不管有没有当官，不管为人民做了多少工作，起码不能贪污受贿，不能侵占公家的一草一木，因为你的工资就比较高了；你有钱，也不要挥霍浪费，这是社会的财富，财富也要得到尊重；你不管什么场合，要说真话，不说假话套话，退一步说，你可以不说，这也是你的人格；待人要大方微笑，表现友谊和尊重，起码的礼节。

六、中医、西医与养生

中医是我们的国粹，是老祖宗给我们留下的瑰宝。中医历史源远流长，与中华民族的文明一样经历了 5000 多年的时光，对中华民族的繁衍发展做出了巨大的贡献。中医是中华文明的一部分。今天，它仍然在为中华民族的治病和健康做出重要贡献。

2500 年前，我们的先人在总结了前人医疗实践的基础上，写出了中医经典巨著《黄帝内经》。这本书充满了我们的祖先在治病方面的各种智慧，为后世中医的发展奠定了基础。后来又涌现了扁鹊、华佗、张仲景、孙思邈、李时珍、叶天士等医圣和名医，出现了《伤寒论》《金匮要略》《千金方》《本草纲目》《温病论》等千古名著，这些名著至今仍在指导着祖国的中医医学。

中医在发展中吸取和借鉴了"儒""道""佛"三种文化中的精华。如"道"文化中的太极阴阳说和解释自然界物质运动变化的八卦说，借用阴阳说奠定了人体体质阴阳动态平衡的整体观。"儒"文化中的"和为贵"和谐文化，中医通过治疗达到人体与病邪和谐相处的目的。中医中的养生文化也有佛教文化的戒欲、戒色、戒贪、戒懒、静心等文化烙印。中医里面蕴含的人文理念、文化内容、哲学素养博大精深。

内在秩序，就是健康。秩序乱了，即是疾病。

调整内在秩序，有自然方式，也有科学方式。自然的，绝对是科学的；但科学的，不一定是自然的。

中国人的自然疗法，超出了治病本身，涉及社会与人生的方方面面。

中医是哲学。古代中国称为经的，都是哲学。不能因为《易经》能算命、《黄帝内经》能治病，就不承认它们是哲学。

宗教祈祷能治病，中国的哲学也能治病。

中医是基于整体观、平衡观、辩证观的一门主观哲学。

从养生角度，东方道学强调打坐，让身心随时得到自然的洗礼。打坐是人体秩序的回归，回归内心、回归自然。它跟大脑有点关系，跟宇宙自然、四季气候、社会群体、环境布置、五脏六腑也都有点关系。

中医认为，中正和谐为健康。即便追求健康，也要通过自然的方式。自然药物的神奇功效，都来自日精月华。

中医来自天地感应。

仲昭川先生关于中医和西医问题做了全面的分析，认为：

中医靠医生诊断，只有感觉，没有数据；

中医是专人专病，一病一治，私人订制；

中医兼治未来的和潜在的病；

中医重在回归，中药经过几千年，基本不变；

中医是发散的思维，头疼常治脚，间接调理整体；

中医主张简单，医疗器械只是一根针，医生都是全科的，一个人包治百病，可以提着药箱上门服务病人；

中医看的是得病的人，人是主体，病是客体；

中医认为疾病是人体整体功能失调，把人放在所处的环境中综合考虑；

中医是整合，胸怀宇宙。

中医与自然相关，哲学式的治疗方法始终与日月同辉，代代相传。

互联网思维认为：中医把一切有利于人体的关系连接起来，达到人体内外的全面调理。互联网依据中医原理，把一切有利于社会的关系连接起来，达成社会内外的全面调理。

目前，美国、英国、法国等发达国家大都开有中医针灸诊所。中医不仅在中国深入人心，也已经走向了世界。

西医起源于近代的西方国家，它是近代时期的西方国家在否定并且摒弃了古希腊医学之后，以还原论观点来研究人体的生理现象与病理现象的过程中，所发展起来的一门以解剖生理学、组织胚胎学、生物化学与分子生物学作为基础学科的全新的医学体系，即"现代西方国家的医学体系"，我们称其为"西医学"。

文艺复兴以后，西方医学开始了由经验医学向实验医学的转变。1543 年，建立了人体解剖学，标志着医学新征途的开始。17 世纪实验、量度的应用，血液循环的发现，显微镜的应用，牛痘的接种，使生命科学步入科学轨道。19 世纪，微生物的发现，诊断学有了很大进步，创立护士学校的护理学成为一门科学。

19 世纪初，牛痘接种法以及西医外科和眼科治疗技术的传入，随着西医传入的扩大，近代西医学的成就相继引入中国，从而为西医在中国的发展奠定了基础。

鸦片战争改变了中国原有的历史进程和社会性质。鸦片战争后，教会医院由沿海进入整个内地。几十年间，教会医院遍布全国各地，成为和教堂一样引人注目的教会标志。

科学疗法是西方文明的产物，普及全世界。西医有它的特点：

西医靠仪器诊断，只有数据，没有感觉；

西医倡导标准化，似简实繁，以人为器；

西医只治已确诊的病，着重处理危、急、重的症状；

西药是专注的思维，头疼只治头，直接修理局部；

西医主张复杂，医疗器械是各种设备。医生都是专科的，分得越来越细。即便是总统，瘫在床上，也要上门去"看医生"，因为医生背不动那些仪器；

西医看的是人得的病，人是客体，病是主体；

西医把疾病看成是一部机器上某个零件的损坏，不太管人所处的环境，只是看你出问题的部件，该换就换，该修就修；

西医目无全人，是切割；

从社会学看，西医是人体故障的修理，相当于民主与法制。

从宏观角度看，西医是人道，中医是天道。

"养生"是中国历史的独特现象与方法。著名英国科技史学家李约瑟指出："在世界文化当中，唯独中国人的养生学是其他民族所没有的。"从上古至春秋战国时期到唐、宋、元、明、清，在近七千年的历史过程中不断进行发现、实践、探索、总结和完善，逐步形成了内容极为丰富的有关疾病预防、促进健康、延年益寿的养生方法和理论。

养生的"天人合一"的整体观、"取象比类"的自然观、"变化发展"的辩证观无不折射出中华民族厚重的文化积淀和智慧。研究其深邃的哲学思想和丰富的人文精神对当前疾病，特别是重大慢性病的预防以及治疗有积极的意义，也对人们的身心健康和生活质量的提高有重大影响。

"养生"，首先是老子提出的，老子认为"养生"的核心是"道法自然"。此后，庄子专门写了《养生主》来论述养生，认为人"可以尽年"，指出养生最重要的是要秉承事物中虚之道，顺应自然的变化，才能"得养生焉"，得以养生。最早的"养生"思想是属于哲学范畴而非具体的单纯的医学方法。

养生的主要做法：

1. 动静结合，中和为度。心神宜静，形体宜动。养心调神，以静为主。形体保养，以动为主。动静适宜，才能"形与神俱"。

2. 形神兼顾，养神为先。"形"指身体，"神"指精神。形神兼养，以养神为首务，形神合一。

3. 协调阴阳，以平为和。阴阳调和，气血顺从，邪气不侵，正气运行如常，百病不生。

4. 天人相应，适应自然。人体生理活动与自然界变化的周期同步，保持机体内外环境的统一协调，就能保健延寿。

5. 调节饮食，舒畅情态。合理配膳，全面营养，食量适中，方能养生。七情失调，情志变动，人体得病。

6. 精气流通，通调经络。精气充足，生命力旺盛。经络通畅，气血川流不息，养肺腑，御精神，生命活动顺利。

7. 固本扶元，正气为本。保养正气，固本扶元，气血充盈，卫外固密，未病先防，未老先养。

8. 辨证施治，标本兼顾。养生要因时、因地、因人而异，调整脏腑，标本兼治，延年益寿。

神靠自养，德靠自修，乐靠自得，趣靠自寻，忧靠自排，怒靠自制，喜靠自节，恐靠自息。养生以得神，得神而延寿。

日本《养生十六宜》指出：发宜常梳，面宜常擦，目宜常运，耳宜常弹，齿宜数叩，舌宜舔腭，津宜数咽，浊宜常呵（经常吐故纳新），背宜常暖，胸宜常护，腹宜常摩，谷道宜常提（提肛），肢节宜常摇，足心宜常擦，皮肤宜常干，大小便宜禁口勿言（不说话）。

《黄帝内经》指出：上古有道之人，效法阴阳，遵循规律，起居有常，不做违反天道之事，故能神形统一，度百余岁而去。而今一些人则不然，以酒为浆水，逆天地而为，醉酒做爱，为极力满足性欲狂泻元精，精枯而神散，故半百而衰。

以自然之道，养自然之身。

通过以上分析，我们认为：

（一）国家要下决心普及全民医疗常识

中医有几千年的历史，是老祖宗留给我们的瑰宝，是我们的国粹，博大精深，也深受各国的喜爱。

据《2019 年我国卫生健康事业发展统计公报》显示，2019 年全国卫生总费用预计达 65195.9 亿元，其中，政府卫生支出 17428.5 亿元（占 26.7%），社会卫生支出 29278.0 亿元（占 44.9%），个人卫生支出

18489.5 亿元（占 28.4%）。人均卫生总费用 4656.7 元，卫生总费用占GDP 百分比为 6.6%。

从卫生开支情况看，我国人均卫生费用 4656.7 元是比较高的，全国卫生总费用占 GDP 的 6.6%。可见，我国的医疗卫生问题是比较大的，总开支量大，占 GDP 的量也高。老百姓单就医疗的开支，负担很重。国家重视医疗卫生，政府的支出 14428.5 亿元，占 26.7%。压力非常大，民生工程不花不行，必然挤占其他方面的开支，不得已而为之。全国医疗卫生问题严重，不仅是老百姓、国家、社会经济负担重；医院医生承受的压力也很大，人满为患，医患关系紧张；老百姓疾病经济负担重，连累了家庭。医疗卫生对国家、社会、医院、每个家庭、每个人都有严重的影响。

对于医疗卫生，国家增加财政投入，社会增加投资，个人家庭治病花钱是理所当然，是必要的。然而，这是不得已而为之，国家应该从根本性、基础性、战略性方面考虑，并下决心、积极地、有计划地抓紧工作，日本在这方面做得好，可以引以为鉴。

必须在全国，通过各个部门、单位、社区普遍地、定期地、全面地开展卫生医疗基础知识学习、普及和讲学。让每个公民具备基本的卫生和医疗常识，自己注意日常生活的保健，小问题会处理。这样，从根本上普遍地普及提高全民卫生医疗常识，自然而然提高全民的健康水平，国家、社会和个人又可以节省大量的医疗开支。

（二）必须在人口相对集中的社区、农村设立卫生所

中国人口多，医疗资源相对紧张，医务人员不足，大量建设正规医院也是不现实不必要的。面对人口基数大、病人多的矛盾，必须在人口相对集中的社区和农村设立卫生所。

基层卫生所，就在群众中，就医方便。一般的毛病可以医，方便了基层百姓，相对减少城乡医院的压力，老百姓的小毛病就不要跑到城市，少花时间少花钱。另外，基层卫生所可以宣传、普及、讲解卫生医

疗常识，又可以反映基层的卫生医疗状况。

基层卫生所应该是公益性质的，隶属基层居委会或村委会领导和上级卫生院的指导，既可以兼顾所在地区的公共卫生事业，又可以提高卫生医疗水平。

基层卫生所必须是公益性的，以服务为主，不能搞商业性，居委会或村委会给予补助，上级政府及其部门给予补助。卫生所的医务人员可以通过培训、院校毕业生实践或退休医务人员予以解决。

建设基层卫生所，国家应该提供扶持政策，持之以恒，必见成效。

（三）养生不是老年人的专利

"养生"这个词现在听得多了，特别是最近这几十年。然而一听养生，就想起老人，好像养生是老年人的事，是老年人的专利。

认为养生是老年人的事，这是误区。老年人年龄大了，退休就有时间，有必要有条件养生，延年益寿。其实，养生是所有人的事，是社会的事。每个人的一生都希望身体健康，心灵丰富，精神饱满，活力无限。养生就是养生命，养生活，养健康，养心灵，养精神。养生应该成为每个人的生活，日常的生活。

中国的养生方法和理论，流传几千年，来源于天地之道，充满丰富的哲学智慧。人的养生要尊崇天地运行规律，法道自然，人只能在道法的指引下生活、工作、养生、天人合一，顺其自然，身体健康，心旷神怡。人生的不同阶段，养生的重点和内容也要有所调整。养生应该与时俱进。

养生利人，利家，利国，利社会。

养生要人人重视，人人参与，人人健康，国家强盛。

七、文化、文明与思想

  文化是人类全部精神活动及其产品，它是一种社会现象，是人类长期创造形成的产物，同时又是一种历史现象，是人类社会与历史的积淀物。确切地说，文化是凝结在物质之中又游离于物质之外的，能够被传承和传播的国家或民族的思维方式、价值方式、行为规范、艺术文化、科学技术等，它是人类相互之间进行交流的普遍认可的一种能够传承的意识形态，是对客观世界感性上的知识与经验的升华。

  精神食粮是文化的一个重要部分。人类所创造的文化，是人类内心世界的流露。如果人们的心灵是美好、纯洁、善良的，那么他们所创造出来的文化必然能使人类欣欣向荣。

  文化的具体内容包括人类族群的历史、风土人情、传统风俗、生活方式、宗教信仰、艺术、伦理道德、法律制度、价值观念、审美情趣、精神图腾，等等。

  文化在它所涵盖的范围内和不同的层面发挥着重要的功能及作用：有效地沟通，消除隔阂，促成合作的整合作用；为人们的行动提供方向和可供选择的导向作用；人们通过比较和选择认为是合理并被普遍接受的文化，具有维持社会秩序的功能；能向新的世代流传，即下一代也认同、共享上一代文化的文化传续功能；能够使人们在认识世界、改造世界的过程中转化为物质力量的文化的精神力量。

  人类历史证明，一个民族，一个国家，必须有自己的文化，才能自尊、自信、自强地屹立于世界民族之林。

文化可以作为衡量一个国家文明程度高低和社会兴衰的尺度。

语言是人类文化的载体和重要组成部分。每种语言都能表达出使用者所在民族的世界观、思维方式、社会特性以及文化、历史等，都是人类珍贵的无形遗产。

文化与文明相辅相成又有不同。从时间上看，文化存在于人类生存的始终，人类在文明社会之前便已产生原始文化，文明则是人类文化发展到一定阶段产生的；从表现形态上看，文化是动态的渐进的不间断的发展过程，文明则是相对稳定的静态的跳跃式的发展过程；从内容上看，文化是人类征服自然、社会及人类自身的活动、过程、成果等多方面内容的总和，而文明则主要是指文化成果中的精华部分。

一个民族在文化上能否有伟大的建树，取决于心智生活的总体水平。拥有心智生活的人越多，从其中产生出世界历史性的文化伟人的机会就越大。周国平先生指出："百年来，无论怎样引进西学和检讨传统，国人对于作为西学核心的精神之神圣价值和学术之独立品格的观念依然陌生，中国文化的实用传统依然根深蒂固。在我看来，如果在这方面不能醒悟，中国人的精神素质便永远不会有根本的改观，中国也就永远出不了世界级的文化巨人。"

先秦是中国文化的黄金时代，古希腊是欧洲文化的黄金时代，皆大师辈出，诞生了光照两千多年的精神宝库。可是，若要比较 GDP，那个时候根本比不上今天！可见，财富与文化之间，完全不是正比例关系。其实是存在反比例关系，因为一个时代若把财富当作首要价值，文化的平庸是必然的。

站在本民族的立场上看本民族文化，难以分清精华和糟粕。只有站在世界和人性的立场上，才能看清本民族文化中哪些是具有普世价值的精华，哪些是违背人性的糟粕。

池田大作曾说："我们可以这么说，文化是以调和性、主体性和创造性为骨干的、强韧的人的生命力的产物。而且我认为文化的开花结

116

果，将是抵抗武力与权力、开辟人类解放道路的唯一途径。"

古今东西，人类都面临着某些永恒的根本问题，对这些问题的思考构成了一切精神文化的核心。一个民族拥有一批以纯粹精神文化核心而思考和创造为乐的人，并且以拥有这样一批人为荣，这样的民族一定能创造世界级文化，产生出世界级的文化伟人。

文明，是历史沉淀下来的，有益于增强人类对客观世界的适应和认知、符合人类精神追求、能被绝大多数人认可和接受的人文精神、发明创造以及公序良俗的总和。它是人类文化和社会发展的一个新阶段。

文明阶段，物质资料生产不断发展，精神生活不断丰富，社会分工和分化加剧，由于社会分工和阶层分化发展为不同阶级，出现强制性的公共权力——国家。

文明是使人类脱离野蛮状态的所有社会行为和自然行为构成的集合。集合主要包括以下要素：家庭观念、工具、语言、文学、信仰、宗教观念、法律、城邦和国家，等等。

文明始于文字的使用，"文字的使用是文明伊始的一个最准确的标志，……没有文字记载，就没有历史，也没有文明。"文明的标准，实质就是人与人在各方面都平等，包括物质分配平等、政治地位平等、精神状态平等，也包括人与自然的平等。

文明是人类的历史纽带。即使是你个人的今天，也是文明积累的结果之一，正是这种积累，你和你的后代才有美好的明天。

文明是人的创造性的表现，无论伟人、普遍人、英雄、小人、古人、今人，都对文明史有影响，不管是正确的，还是负面的，也不管是轰轰烈烈的，还是微不足道的。

文明是人的行为和精神状态的总和，即使是在你点头或弹指的瞬间，肯定就流露出文明或不文明的一丝痕迹。

各种文明要素在时间和地域上的分布不均匀，产生了具有明显区别的各种文明，包括巴比伦文明、埃及文明、中华文明、印度文明四大文明，以及由多个文明交汇融合形成的俄罗斯文明、土耳其文明、大洋文明和东南亚文明等在某个文明要素上体现出独特性质的亚文明。

中华文明是世界上历史最悠久的几大文明之一，也是唯一延续不断的原生文明，此外，苏梅尔、古埃及、哈拉帕、奥尔梅克也均为原生文明，但都在公元前被摧毁。她们对周边的文化辐射导致了其他大量次生文明的产生与发展。

荀子曾说："人无礼则不生，事无礼则不成，国家无礼则不宁。"

进入现代社会，必须弘扬和践行现代文明。随着社会的发展，经济生活水平的提高，文化精神生活的丰富，文明行为必将随着时代的发展而发展。

人们的文明行为，从野蛮不讲理到和谐、互帮互助的发展。具体讲，在道德方面，是指人们在社会公共生活中，符合社会公德的行为。在我国现阶段，凡是符合社会主义道德原则、道德规范和道德要求的行为都是文明行为。

语言要文明。说话要和气文雅，有理有节，分寸适度；不要开口污言秽语，油腔滑调，或者强词夺理，恶语伤人。

行为要文明。自觉遵守法律法令法规、规章制度和纪律；尊重他人的劳动和人格，不损坏公共利益，不妨碍他人正常的工作、生活、学习和劳动；不伤风败俗，不打人骂人，不欺老凌弱；要庄严，不轻浮，不粗野。

交往要文明。在与他人交往中要落落大方，彬彬有礼，待人热情诚恳；对同志关心爱护，对长辈尊敬有礼，与同志和邻里和睦相处；勇于助人为乐。

家庭要文明。尊老爱幼，互助互敬，家长应成为孩童的文明的表率，不打骂孩子，不虐待老人；和邻里关系和睦，互帮互助；主动配合社区和村居的公共事务，落实好国家的政策及工作。

文明如花，点缀生活，四季清香。文明如火，驱散寒冷，照亮前方。文明如水，柔和包容，孕育希望。文明如山，厚重磅礴，繁茂永昌。

　　人与人之间可以用文明的准则来规范，民族与民族之间可以用文明的水平来比较，国家与国家之间更可以用文明的程度来衡量。

　　中华民族，是一个善于学习、研究、创造文明的民族，必将对世界文明的进步做出更大的贡献！

　　思想，一般也称"观念"，其活动的结果，属于认识。人们的社会存在，决定人们的思想。一切根据和符合于客观事实的思想是正确的思想，它对客观事物的发展起促进作用；反之，则是错误的思想，它对客观事物的发展起阻碍作用。思想也是关系着一个人的行为方式和情感方法的重要体现。

　　思想是意识的向导。思想的本身就是意识运动形式的表达，是意识的主体在意识形态里进行的意识的运动行为，是以某一问题为点的直线意识的运动形式，思想的作用有助于进行意识的引导，是思想直线运动形式的存在特征。

　　思想力由生命体后天的生活环境和本身意识能力所决定，思想来自主体更活跃的生命细胞，只有演化到生物的高级阶段，才能具备思想的基础。

　　人本身的意识的活动就是思想的意识，意识与思想的区别，在于意识作用在演化中所引起的是形体的本能变化，思想作用引起的是行为的变化。

　　安静是一种有创造性的因素。它可以聚集、提炼、整饬一个人的内心力量；它可以把动荡所驱散的东西再收拢到一起。如果一个人性情中内含多种混合成分，冷静和沉思常可使其中的某些成分更清楚地显露出来。这样一个思路，新的思想就形成了。

　　歌德曾说："沉浸在一个伟大的思想中，就意味着把不可能的看作似乎是可能的。对于一个坚强的人来说也是这样。而一旦一个思想和一种性格相结合，就会发生使这个世界几千年都惊诧不已的事情。"人类的思想威力强大，它保卫和救护我们自己，是上帝赐予我们的最好的礼物。

人的思想，受到鼓舞，得到激情的推动，它的威力足以战胜自然界的一切力量。而一个人在短暂的一生中，能把数百代人看来难以实现的梦想变成现实，变成永恒的真理。

置身于传统之外，不能成为思想者。要做一个思想者，必须以自己的方式参与到人类精神传统中去，成为其中积极的一员。对于每个人来说，这个传统一开始是外在于他的，他必须去把它"占为己有"，而阅读经典便是"占为己有"的最基本的途径。

思想，就是能动的知识，思想来源于记忆、归纳、比较和实践几个方面。思想，人的全部尊严。

思想是万物的伟大杠杆。思想成全人的伟大。思想的启发使人类摆脱了奴役，进入了自由王国。

通过分析，我们认识到：

（一）中国应该而且必须是文化强国

中国是文明古国，是世界上唯一不曾中断的生生不息的原生文明。然而，文明与文化相辅相成，虽有不同，但密不可分。文化相对于文明来说，文化是基础，是核心，是本质。文明代代相传，光彩照人，必定是文化博大精深，享誉世界。中华文明的背后是有强大的文化宝库作为支撑，作为引领，作为基础。

文化的作用不是短期的，而是长期的持之以恒的作用；文化的作用不是表面的，而是作用于精神内核方面；文化的作用不单是作用于文学艺术，而是关系哲学、政治、经济等各个领域；文化的作用不只是认识几个字，懂得算数，而是人的心灵、人的精神层面的变化。没有文化，人就不是人；没有文化，社会就不是社会。

文化从无到有，从小到大，从弱到强。文化是一点一滴的积累，不是一朝一夕的工夫，不能一鸣惊人。文化在普及一般知识、技术、礼俗的同时，应该有时代的大家、大师，才能真正大起来，强起来。大家、大师或者丰富了世界文化的内容，或者改变指出了世界文化的新的发展方向，或者为世界文化奠定了更加坚实的基础。

文化是世界性的。说到底，世界文化是文化大家、大师不断接力、传承、丰富、发展来的。大师有国界，文化无国界，孔子、老子、孟子、苏格拉底、柏拉图、康德、马克思、恩格斯、列宁、毛泽东……都是大家，都是大师。某些意义上说，他们创造了文化，创造了世界。

真正强大的国家，必须实现现代化，这也是欧洲人走的路。然而外表强大，内心同样要强大。人说外强中干，就是外表强大，内心不强大，就会是昙花一现，也许再漂亮的花也会很快凋谢的，根本问题就是文化没有现代化。

印度泰戈尔说过："知识是智慧的结晶，文化是宝石放出的光泽。"

现代中国必须把建设文化强国作为实现中华民族伟大复兴中国梦的重中之重和核心的工程。

（二）生在中华文明的国度里，要做一个文明人

中华文明，源远流长，几千年生生不息，从不间断，唯一一个保持原生态的伟大民族。生在其中，当属幸运；生在其中，当应觉醒；生在其中，当应自重。

中华文明的火炬已经传至21世纪的现代中国的年轻一代，年轻一代正在集中精力，全神贯注继续实现中华民族的中国梦。中国人已经从近两百年的沉睡中惊醒起来，猛起直追，中华民族已经从站起来，富起来，正在强起来，再次拥抱了世界，中华文明的火焰将光耀全球。

生于中华民族，长于21世纪，能接力中华文明的火炬，我们当珍重，当自强，自觉为中华文明的火焰加油添材，这是我们一代人的神圣使命，责无旁贷，义不容辞。

作为中华民族的后辈，得到了历史文明的熏陶，要完成我们的历史使命，应当从我们脚下做起，从现在做起，从自己做起，才能走向未来。先做文明人，才能走向未来的文明。

清代颜元说过："国尚礼则国昌，家尚礼则家大，身有礼则身修，

心有礼则心泰。"

中华文明是一代一代积累起来的，一点一滴累积起来的。现在的我们，要再次创造中华民族的伟大文明，必须从每个人做起，从每个人的每件小事做起，从每个人的每一天做起，时间久了，就是一个文明人。这样，新的一代必将是文明的一代，中华民族的明天必将是文明的明天。

不随地吐痰，不乱扔果皮；扶老人过马路，公交车上让位子；一个微笑，……文明就上路了。

(三) 思想是人生的指路明灯

一个国家，一个民族有了文化，没有思想的引领，也是无所作为的。有了文化这个基础，这个核心，必须产生时代的思想作为指导和引领，这个国家、这个民族才会有生气，才会有活力，才能创造人间奇迹，自立于民族之林。

中国近代以来，落后挨打，多少仁人志士寻求救亡救国的道路，直到现代中国出了个毛泽东，他带领中华民族的优秀儿女建立了新中国，又经过改革开放，中国人民创造了人类文明史的人间奇迹。其中一条宝贵的经验，就是中华民族形成了一套适合中国情况的引领世界潮流的思想理论，她指引现代中国从胜利走向新的胜利。这一伟大思想即毛泽东思想、邓小平理论、"三个代表"重要思想、科学发展观、习近平新时代中国特色社会主义思想，它们共同构成引领现代中国发展的指导思想。

思想是万物伟大的杠杆，思想就是力量。思想和精神是一个人追求生活的动力和希望，有思想的人才有灵魂，才会理解和追求生命的意义，而永存于世。

人生的深度和广度在于思想的成熟与否，学会怀疑、学会宽容、学会接受、舍得放弃、选择卓越，争取成为一个高尚的人，有一颗丰富、充实、纯粹的心灵。

一个有思想的人，听从内心的声音，成为生命；一个有思想的人，他的视野、气量都会成为一种体验，不断打开自己，询问自己，反思自己的人生历程，逐渐脱离那些平庸的东西，让自己不断成长起来；一个有思想的人，善于把现在中国发展的指导思想学懂弄通，结合自己的情况，调整充实、提升自己的思维，并积极投入时代的实践，在实现中国梦的伟大洪流中施展自己的抱负，成就出彩的人生，为时代做出自己的贡献。

思想是人生的宝贵财富，要学会思想。用思想引领人生，指导我们的一切行动。

思想是人生的指路明灯。

八、同和、共体与传承

同和，意思为彼此和谐，相互协和，《礼记·乐记》："大乐与天地同和，大礼与天地同节。"《国语·齐语》："居同乐，行同和，死同哀。"同和亦形容仁爱，唐李商隐《献河东公启》之一："伏惟尚书春日同和，秋霜共烈。"

"同和"拆解为"同"和"和"。"同"，表示同一、一样、相同的意思。相关词有同志、同事、同学、同一、相同、大同等；"和"，是中国哲学中一个很重要的概念，就是"和谐"的意思。《国语·郑语》记述了史伯关于"和"的论述："夫和实生物，同则不继。若以同裨同，尽乃弃矣。"认为阴阳和而万物生，完全相同的东西则无所生。矛盾多样性的统一，才能生物，才能发展，就是中国哲学对世界的贡献。相关词有和合、和平、讲和、和睦、共和、和谐等。

"大同"，是中国古代对理想社会的一种称谓，相当于西方的"乌托邦"，代表着人类对未来社会的美好憧憬。基本特征即为人人友爱互助，家家安居乐业，没有战争，这种状态称为"世界大同"，又称"大同世界"。《礼记·礼运》："大道之行也，天下为公，选贤与能，讲信修睦，故人不独亲其亲，不独子其子，使老有所终，壮有所用，幼有所长，鳏寡孤独废疾者皆有所养；男有分，女有妇。货恶其弃于地也不必藏于己，力恶其不出于身也不必为己，是故谋闭而不兴，盗窃乱贼而不作，故外户不闭，是谓大同。"

共和，即共同治理达到和谐国家，华夏历史上有共和行政，共和元年，即公元前 841 年。共和制度是有其优点的，以能力品德选领导，对国家建设是有好处的。

共和制是人类社会的一种政体，意思是"公民的公共事务"。共和的特点是国家元首并非世袭的皇权，而是以民主选举方式选出，属于民主政体。就现代民主政治而言，共和是在自由、平等、民主和法治等现代政治理念基础上的共和，在法治国家就表现为宪政，也称"宪政共和"。现代意义的共和是指不同的主体，尤其是不同政治主体的和谐共处，也就是政治社会意义上的共和。现在欧洲大部分国家是属于这种共和制。孙中山的"共和"观念是天下为公，国家权力是公有物，国家的治理是所有公民的共同事业。

和谐，指和睦协调，配合适当，和好相处。在古代，"和而不同"，具有差异性的不同事物的结合、统一共存。政治和谐，社会政治安定。总之，遵循事物发展的客观规律，追求人类与自然万物、人与人之间的和谐，共同追求更加美好的未来。

和谐社会是指一种美好的社会状态和一种美好的社会理想，即形成全体人民各尽其能、各得其所而又友好相处的社会。

建设和谐社会最根本的就是始终把广大人民的根本利益作为一切工作的出发点和落脚点，实现好、维护好、发展好最广大人民的根本利益，不断满足人民日益增长的物质精神文化需要，做到发展为了人民、发展依靠人民、发展成果由人民共享，促进人的自由全面发展。

同和观念，特别是其中的大同、共和、和谐的思想早已成为社会追求、人民行动的心中梦想，为此而不懈努力，最终的"大同"伟大理想必将实现。同和理念，也是人与人之间友好相处，共同发展的重要方法和基本准则。

共体即共同体，是指社会中存在的、基于主观上和客观上的共同特征（这些共同特征包括种族、观念、地位、遭遇、任务、身份等）而组成的各种层次的团体、组织，既包括小规模的社区自发组织，也可指更高层次上的政治组织，还可指国家和民族这一最高层次的总体。

社会生活共同体就是指由若干社会个人、群体和组织在社会互动的基础上，依据一定的方式和社会规范结合而成的一个生活上相互关联的大集体，其成员之间具有共同的价值认同和生活方式，共同的利益和需求，以及强烈的认同意识。社会生活共同体具有经济性、社会化、心理支持与影响、社会控制和社会参与等多种功能。对于生活于其中的成员个体来说，依靠共同体获得身份、地位和权利，也依靠共同体帮助其满足各种依靠自身无法满足的需要，如应对重大的灾害、疾病等带来的困难，通过参加共同体的各种活动来满足其精神需要，如获得社会认同和归属感等。

人类命运共同体旨在追求本国利益时兼顾他国合理关切，在谋求本国发展中促进各国共同发展。人类只有一个地球，各国共处一个世界，要倡导"人类命运共同体"的意识。

国际社会日益成为一个你中有我、我中有你的"命运共同体"，面对世界经济的复杂形势和全球性问题，任何国家都不可能独善其身。"命运共同体"是中国政府反复强调的关于人类社会的新理念。2011 年《中国的和平发展》白皮书提出，要以"命运共同体"的新视角，寻找人类共同利益和共同价值的新内涵。

"命运共同体"理念有着深刻的内涵：不同国家和国家集团间为争夺国际权力发生了数不清的战争与冲突。随着经济全球化的深入发展，国家间处于一种相互依存的状态从而形成一种经济纽带，要实现自身利益就必须维护这种纽带即国际秩序；一个相互依存的共同体已经成为共识，面对世界性危机，国际社会只能"同舟共济""共克时艰"；"共同的利益观"应该是当前世界各国的共识，面对越来越多的全球问题，任何国家要自己发展、自己安全、自己活得好，必须让别人发展、别人安全、别人活得好，而不是排他的零和关系；工业革命以后，人类开发和利用自然资源的能力的极大提高，环境污染和极端事故也给人类造成巨大灾难，联合国提出的"可持续发展"问题已成为国际共识。

全球 190 多个国家，约 70 亿人口，国与国紧密相连，不该一意孤行，未来必须迈向人类命运共同体。这是中国领导人基于对历史和现实的深入思考给出的"中国答案"。

推动建设人类命运共同体，源自中华文明历经沧桑始终不变的"天下情怀"。从"以和为贵""协和万邦"的和平思想，到"己所不欲，勿施于人""四海之内皆兄弟"的处世之道，再到"计利当计天下利""穷则独善其身，达则兼济天下"的价值判断……同外界其他行为体命运与共的和谐理念，可以说是中华文化的重要基因，薪火相传，绵延不绝。

人类命运共同体意识超越种族、文化、国家与意识形态的界限，为思考人类未来提供了全新的视角，为推动世界和平发展给出了一个理性可行的行动方案。

地球好比一艘大船，190 多个国家就是这艘大船的一个个船舱和旅客。船上所有的船员和乘客，也就是世界各国，只有相互尊重、平等相待、合作共赢、共同发展，坚持不同文明兼容并蓄、交流互鉴，承载着全人类共同命运的"地球号"才能乘风破浪，平稳前行，胜利到达光明的彼岸。

共体理念，引领人类前行。

传承，即传递，接续，承接，沿袭创新。一般指承接好的方面，另一方面是先传了再承，和继承相区别，有承上启下的意思。

中国传统文化博大精深、源远流长，是全人类最为珍贵的宝藏。身为炎黄子孙，中华文明的传承者，我们要承担起将中华民族传统文化发扬光大的历史责任，将中华文明传统文化融入我们中华民族全体国民的血液里和精神里。从发展中前行，在发展中进步，让中华文明照亮神州大地。

中华传统文化，是中华文明成果根本的创造力，是民族历史上道德传承、各种文化思想、精神观念形态的总体。中华传统文化是以孔子为代表的儒家文化为主体，中国几千年历史中延绵不绝的政治、经济、思想、艺术等各类物质和非物质文化的总和。中华传统文化亦叫华夏文化、华夏文明，是中国五千年优秀文化的统领。而流传年代久远，分布广阔，文化是宇宙自然规律的描述，文化是道德的外延；文化自然本有，文化是生命，生命是文化；文化是软实力，文化的传承是决定一切的内在驱动力；文化又是社会意识形态，是中华民族精神，是社会政治和经济的根本。

一个民族，之所以在世界文明之林享誉千年，在于它独特而充满魅力的文化。民族文化，始终在我们身边，山东有孔庙、敦煌有石窟；李白的文字、苏轼的词谱；清茶，水酒，依然论英雄；武侠，有诗仙的豪情；一茶一饭，有中国几千年的茶文化、食文化的深厚积淀。多一分细心和探究，可以在点点滴滴中渐渐还原历史的足音。走近历史，了解历史，文明的传承，文化，是最好的窗口。

中华民族拥有了一个巨大的精神宝库。古代的神农尝百草、大禹治水、精卫填海、愚公移山等民族精神；现代有井冈山精神、长征精神、延安精神、大庆精神、雷锋精神、"两弹一星"精神、抗洪精神，等等。所有这些，都构成中华民族精神的主旋律，有了民族底气，有了文化底蕴，有了精神传承，永远坚守中国人的本色。

中华民族的家风传承是中华文明和文化传承的重要方面和重要途径，这样传承有了直接载体和有效方式，在中华文明生生不息的伟大传统中起着不可估量的影响和作用。

家风，具有传承的力量，不仅要在家中延续，更要在工作中、社会中弘扬。历史的长河中，朝代变迁，万物变化，能让我们民族屹立不倒的，就是家风的传承。

家风从历史走来，植根于深厚的中华文化，具有强烈的道德感召力，让每个人都能从中得到启示。将好的家风世代相传并使之延绵不断，是每个家族精神的传承，更是支撑起我们的民族精神。

苏维迎在《慧语与名言》中写道："中国几千年的传统文化，有很多很多优良的家训、家规，最核心的问题就是做人的问题。……家风源自家庭立足于家庭，对社会进步、人性的升华、民族的凝聚、文明的拓展，都产生巨大而深刻的影响。国是车，家是轮。传承好的家风，必然能影响、促进形成好的政风、世风、国风。"

通过分析，认为：

（一）同和是国家处理内政外交的基本法则

"同和"表示彼此和谐、相互协和，也表示仁爱的意思。如果把"同和"拆解为"同"和"和"，"同"和"和"再分别组词，比如同一、同志、大同、和睦、共和、和谐、和合，等等，都是人们喜爱的词语，都是人们平日里所追求的，属于正能量，有的是中国哲学的重要概念，几千年前就都有历史记载。

随着时代的发展，科技进步了，各国的交往更多了，人们的认识水平大大提高了，国家对内的管理必须要有更高更好的水平，政权必须多为人民做事，多为人民的利益而工作。中国古代的大同社会是老百姓心中的追求，多少仁人志士为之抛头颅，洒热血。不为人民做事而走到人民的对立面，人民迟早会起来把政权推翻，这也是历史反复证明的真理。

从前，交通闭塞，科技水平低，国与国的交往少，矛盾也少。随着科技的进步，交通四通八达，各国相互交流的增多，而一些国家强行掠夺别国的资源、别国的劳动力、别国的市场，世界经常战争，世界发生两次惨绝人寰的世界大战，为战争而死去的人们不计其数。后来人们为了国家之间的和平共处，减少战争，减少争端，联合国以及国家间制定了一些国际公约、区域间的协议协定，虽有所变化，但弱肉强食现象、争端、摩擦、纠纷、局部战争依然不断。需要有一种新的理念，作为世界的共识，作为各国共同遵守的基本准则，世界才会真正走向和平，人民生活才能永远安康。这个理念就是和平，和谐，也就是"同和"。

根据世界发展情况及其趋势，中国提出了"人类命运共同体"中国方案、中国理念。意在解决处理国家间的矛盾、冲突，理顺相互关系，得到很多国家的积极响应和支持。对内提出建设"和谐社会"的历史命题，提出实现中华民族伟大复兴的中国梦，中国经济取得令世界瞩目的成就，人民生活水平明显提高，国防实力明显增强，国际地位明显提高。"和谐"的治国理念正深入人心。

"同和"理念应该而且必须作为处理国家内政外交的基本准则。

（二）"共体"思想必将在全世界开花结果

人类只有一个地球，生活在地球上的各个国家和人民其实是生活在同一个村落，特别是信息社会，千里之间的人们就在身边，每个国家，每个人民的命运更是连在一起。

"共体"思想，就是共同体思想，用在社会就是"命运共同体"。国际社会日益成为一个你中有我，我中有你的"命运共同体"，任何国家面对世界经济的复杂形势和全球性问题，都不能独善其身。"命运共同体"新视角，才能超越国家、种族、文化、意识形态的界限，为推动世界和平和人类发展给出理性可靠的行动方案。

中国在命运共同体中坚持和平发展道路，是基于中国特色社会主义的必然选择，是中国实现国家富强、人民幸福的必经之路；是基于中国历史文化传统的必然选择，中国文化是一种和平的文化，渴望和平始终是中国人民的精神特征；是基于当今世界发展潮流的必然选择。求和平、促发展、谋合作是世界各国人民的共同心愿，也是不可阻挡的历史潮流。

中国通过创设机制和搭建平台，着力推进人类命运共同体不断开拓前进。近年来，中国积极促进"一带一路"国际合作，成为构建人类命运共同体中有关各国实现共同发展的巨大合作平台。中国倡导召开首次政党高层对话会，围绕"构建人类命运共同体、共同建设美好世界：政党的责任"进行深入坦诚对话，并形成了《北京倡议》，成为构建新型政党关系和构建人类命运共同体的重要机制和载体。

构建人类命运共同体，横跨政治、安全、经济、文化、生态等人类生活的基本领域，纵融千百年来人类美好希冀形成和展现的和平、合作、和谐的国际关系，是前无古人的全球性探索。

构建人类命运共同体作为一种思想理念已经落地生根，在波澜壮阔的实践中不断生长，在和平发展的大潮中汇聚磅礴力量。但作为世界各国人民携手共进的社会实践，则是一个历史过程，不可能一蹴而就，也不可能一帆风顺，而是需要付出锲而不舍、驰而不息的努力。相信构建人类命运共同体思想将不断向广度和深度拓展，人类命运共同体建设的阳光将普照世界，"共体"理念将在全世界开花结果。

（三）每一个中华人自觉传承家风是中华文明的现代传承

家风，就是一个家庭或家族的传统风尚，是中华民族文明及传统文化、传统美德的现代传承，是中华民族 5000 多年灿烂文化所孕育的许多优良传统；家风是我们立身做人的行为准则；家风是社会和谐的基础。家风在中国历史上对个人的修身、齐家发挥着重要的作用，是使国家更加富强文明发达的必不可少的重要方面。

传统家风具有榜样性，它作为一个家庭或家族共同认可的价值观，具有权威性和典范作用；社会性，它必须与社会风潮相适应的；传承性，"世代相传"和"生活作风"是两个重要传承标签。新时代家风特点在传统家风基础上赋予时代特征。它具有吸纳性，即对中国优秀文化的吸纳，对西方科学的吸纳，走出去，学习西方的先进科学；创造性，就是对"红色家风"的吸收、继承和发展；创新性，社会主义核心价值观和社会主义核心价值体系的提出是创新的体现。家庭为国家培养和输送共产主义事业的建设者和接班人。

"仁、义、理、智、信"也是家风，伴随一生，传道、授业、解惑，更是做人的作风。好的家风是无价的传家宝，犹如春风吹拂，每时每刻传递着和谐之美、道德之美、精神之美、行为之美！家风通过日常生活影响孩子的心灵，塑造孩子的人格，是一种无言的教育、无字的典籍、无声的力量，是孩子行为规范的一面"镜子"。

好的家风足以改变人的思想，它犹如与世长存、必不可少的空气，教我们生活的道理、自然的哲理，让我们活得更有意义。每个人对好的家风坚守、传承，我们国家会更加和谐、温暖。

千千万万家庭的家风好，子女教育得好，社会风气就会好起来。生活在新时代正在实现中华民族伟大复兴中国梦的每一个中国公民都有责任、有义务、有必要传承新时代的家风。用社会主义核心价值观作为引领，大力挖掘和倡导优良家德、家规、家训，使家庭和睦、崇德向善、诚信友善的清风正气融入全社会，这是中国优秀传统文化的现代传承。

九、精神、教育与人生

精神指人的意识、思维活动和一般的心理状态，为物质运动的最高产物。

民族精神是一个民族在长期共同生活和社会实践基础上所表现出来的富有生命力的优秀思想、高尚品格和坚定志向的集中体现。中华民族在五千多年的发展历程中形成了以爱国主义为核心的团结统一、爱好和平、勤劳勇敢、自强不息的伟大民族精神。

中国精神作为兴国强国之魂，是实现中华民族伟大复兴不可或缺的精神支撑和精神动力；是实现民族复兴的精神引领；是凝聚中国力量的精神纽带；是提升综合国力的重要保证。

中国精神包含几个方面：刚柔相济、自强不息的意志品质。《易经》："天行健，君子以自强不息，地势坤，君子以厚德载物"；内在性与超越性，一阴一阳，塑造了中国国民的基本人格模式，和谐与中道的核心价值观。"天人合一"表达了人与自然、人际间的社会和谐、人与自我的人格和谐，也表现为民族和国家间的政治和谐；中道智慧使传统之演进与嬗变不离基本伦常法则，是协调人际关系包括国与国关系的基本理念，也体现了人的生活方式、人生态度和生命境界的现代价值；持续不断的生成、创新与转化精神。大化流行，生生不息，日新月异，气象万千，运动变化不是盲目的，而是以善和和谐为目的。"苟日新，日日新，又日新"（《大学》），正是持续不断的生成、创新和转化，中华文明成为世界上唯一没有中断过的文明；共同的华夏认同及其卓越的包容性与涵慑力，因而形成了中华民族强大的凝聚力与民族团结传统；中华文化长期以来在保持自己的独立性的同时，不断欣赏和学习外来文化，成就了华夏文化海纳百川、雍容大度的传统。

当今时代的中国精神是民族精神和时代精神的辩证统一。民族精神赋予中国精神以民族特征，是中华民族的精神独立性得以保持的重要保证；时代精神赋予中国精神以时代内涵，是中国精神引领时代前行、拥有鲜明时代性和强大生命力的重要保证。民族精神和时代精神的交融汇通，成为实现复兴的强大力量。

中国精神是凝聚中国力量的纽带，是激发创新的精神动力，是推进复兴伟业的精神定力。

当前，我国发展既面临难得的历史机遇，也面对诸多可以预见和难以预见的风险挑战。特别是我国在快速发展中出现的不平衡、不协调、不可持续问题依然突出，新老矛盾相互交织，我们保持与时俱进、开拓创新的精神状态，永不自满、永不僵化、永不停滞，思想不断解放，事业持续发展。大力弘扬一切有利于民族振兴、人民幸福、社会和谐的思想和精神，大力发扬艰苦奋斗、劳动光荣、勤俭节约的优良传统。坚决克服因循守旧、故步自封的思想，勇于创新、昂扬向上。坚决克服惧怕困难、畏首畏尾的思想，锐意进取、勇往直前。要从深化对世情、国情、党情的科学认识中，查找差距中进一步解放思想，以思想的大解放带动事业的大发展。要充分发挥自己的积极性、主动性和创造性精神，在自己的工作中，开拓进取，脚踏实地，努力创造无愧于时代的工作业绩，为实现中华梦添砖加瓦。

弘扬和培育中华民族精神，是不断增强我国国际竞争力的要求。有没有高昂的民族精神，是衡量一个国家综合国力强弱的重要尺度。弘扬和培育中华民族精神，是坚持社会主义道路的需要。面对西方敌对势力加紧实施对中国西化、分化的图谋，弘扬和培育民族精神显得更为重要和迫切。

教育是一种人类道德、科学、技术、知识储备、精神境界的传承和行为提升，也是人类文明的传递。

广义上讲，凡是增进人们的知识和技能、影响人们的思想品德的活动，都是教育。

狭义上讲，教育主要是指学校教育，其含义是教育者根据一定的社会的要求，有目的、有计划、有组织地对受教育者的身心施加影响，把他们培养成为一个社会所需要的人的活动。

教育的目的是使人不断社会化的过程，从而在进入社会时能够有立足之地，并通过不同角色的变化推动整个社会的发展。

教育也是培养人、感化人的过程。让人懂得爱，懂得分辨善恶，明辨是非。教育从古至今不断变化着，随着社会需要和人的发展而发展。

一个人发展到什么程度以及怎样发展，往往和一个人的处世态度紧密相连。从"人是一个世界"的角度看，怎样把人的心灵引向广阔，通过教育，给学生一种广阔、高远的人生境界与立足点，让学生的心灵由狭隘走向广阔，由自卑走向自信，由懒散走向奋斗。世界也许很小很小，心的领域却很大很大。

教育有两种，一种是他教，一种是自教。

他教就是由别人来教育我们。教育我们的，有国家有社会，有父母有老师，这些都是他教。教育的目的是由他教转变成自教，教育家叶圣陶说："教是为了不教。"他教的时间是有限的，自教的时间是无限的，人的一生更多的是自教。孔子说："吾日三省吾身——为人谋而不忠乎？与朋友交而不信乎？传不习乎？"不断地反思自己是一种自教。"苟日新，日日新，又日新"，不断学习提高自己的方式也是一种自教。自教就是不断给自己充电。

教育的真谛就在于塑造人的灵魂。每个人的思想不同，一个有趣的灵魂比一个漂亮的外表更重要，教育就是为了塑造人的灵魂。教育让人脱离心灵的囚笼，走出心中的单行道，让人由小苗长成参天大树。德国著名哲学家雅思贝尔斯说："教育的本身是一棵树摇动另一棵树，一朵云推动另一朵云，一个灵魂召唤另一个灵魂。"

教育的智育是要开发学生的好奇心和理性思考的能力，而不是灌输知识；德育是要鼓励崇高的精神追求，而不是灌输规范；美育是要培育丰富的灵魂，而不是灌输技艺。

人生的各个阶段皆有其自身不可取代的价值，尤其是儿童期，是身心生长最重要的阶段，也应是人生中最幸福的时光，教育应该给孩子一个幸福而有意义的童年。

蒙田说："学习不是为了适应外界，而是为了丰富自己。"学习是为了发展个人内在的精神能力，从而在外部现实面前获得自由。教育就应该为促进内在自由、产生优秀的灵魂和头脑创造条件。

家庭教育是教育的重要环节，是一切教育的基础。父母是孩子的启蒙老师，其中母亲对孩子的影响最大，把家庭教育与学校教育和社会教育更加紧密地结合起来，从而更有利于孩子的成长。母亲的引导对孩子的行为、习惯、品质的形成有着相当大的影响。一些智人、伟人，比如孟子、柳宗元、林肯、爱因斯坦、比尔·盖茨等，他们的成功显然离不开良好的家庭教育环境，尤其是母亲的正确引导。

今日的家长们在孩子很小的时候就为他们将来有一个好职业而努力奔忙，从幼儿园开始就投入了可怕的竞争，从小学到大学一路走过去，为了拿到那张最后的文凭，不知要经受多少作业和考试的折磨。有道是，不能让孩子输在起跑线上。一个人从童年、少年到青年，原是人生最美好也最重要的阶段，有其自身不可取代的价值，这完全被抹杀了。身心不能自由健康地发展，只学得一些技能，将来会有大出息吗？

教师是人类灵魂的工程师，必须为人师表，言教不如身教。老师对学生的影响是终身的、深刻的。教师不仅教给学生知识，还传授进一步获取知识的方法，更重要的是让学生懂得怎样立志报效国家，做一个对社会有用的人。

读书，实际上也是一种修炼自己的过程，是个人品性修养、意志磨砺与心理能量积累的过程。学习是心智的锻炼，心智的升华，心智的完善，让人更有活力。

一个不爱读书的民族，是可怕的民族；一个不爱读书的民族，是没有希望的民族。

人生指人的生存及人的生活，生存是基础，生活是动态发展。人类从出生至死亡所经历的过程，在这当中我们必将经历波折坎坷，喜怒哀乐，悲欢离合。这样，才是真正的人生。

人生就是为了生活更快乐、更幸福，而幸福的生活要自己努力争取。人生为了追求自己的幸福，他就有了为之奋斗的欲望，为了人生的奋斗目标自己必须努力工作，在工作中寻找乐趣，让单调乏味的工作充满生趣，使自己无忧无虑，身心健康，生活平和而安逸，快快乐乐过好每一天。

如果没有斗志、信心、毅力，人生就难以顺利而生存艰难。为此，为了使自己的生活更幸福，必须树立人生的奋斗目标，尽自己的最大努力去实现这个目标。

首先，要树立正确的世界观、人生观、价值观。人为万物之灵，人有着独有的极其复杂、丰富的主观内心世界，核心就是世界观、人生观和价值观。如果有了正确的世界观、人生观和价值观，就能对社会、对人生、对世界上的万事万物有正确的认识，就能采取适当的态度和行为方式，站得高，看得远，做到冷静而稳妥地处理各种问题。

其次，要发展积极向上的精神状态。人达到心情开朗，精力充沛，对生活充满热情与信心，自我调控情绪，遇到不如意事，变换思维角度，让自己在愉快中度过每一天。培养乐观豁达的心态，使自己的心理年龄永远年轻，对梦寐以求的目标充满信心。

最后，要努力提高自己的素质，自觉接受教育。人生问题和教育问题是相通的，做人和教人在根本上是一致的，人生中最值得追求的东西，也就是通过教育得到更多的东西。人生的价值，可用优秀和幸福来代表。优秀，就是人之为人的精神禀赋发育良好，成为人性意义上的真正的人。幸福，最重要的成分也是精神上的享受，因而是以优秀为前提的。提高了人生的价值，通过教育学习，能力提高了，实现人生的目标也就更有信心。

如果将人生一分为二，那么，前半生的人生哲学应该是"不犹豫"，而后半生的人生哲学应该是"不后悔"。人生就应该在阳光下灿烂，在风雨中奔跑，不抱怨，不嘲笑，不羡慕，才能找到最好的自己。

得意时要看淡，失意时要看开。人生有许多东西是可以放下的。只有放得下，才能拿得起。尽量简化你的生活，你会发现那些被挡住的风景，才是最适宜的人生。

人生只有方向，而没有一成不变的路。沿着这个方向，中间要经过许多不同的路，有平坦大道，也有羊肠小路，有的曲折，有的泥泞，甚至还有陷阱，有深渊。也许走到最后，我们都未必能实现心中的理想，但我们也不能因此坐等。只要走，就永远不会有绝路。真正会让我们绝望的，只有自己的心。

人生的价值，并不是用时间，而是用深度去衡量的。

人生不仅要学会承受，也要学会释怀。生活是开水，不论冷热，只要适合的温度；生活是口味，不论酸甜苦辣，只要适合的口感，就是最好。

人生，这是个庄严的字眼。人生，其内涵如大海浩瀚。它是权衡一个人身心价值的天平，是轻是重，是强是弱，在它面前，都免不了要受到公正的评判。

人生的白纸全凭自己的笔去描绘。每个人都用自己的经历填写人生价值的档案。爱因斯坦说："人生的价值，应当看他贡献什么，而不应当看他取得什么"。

经过分析，觉得：

（一）伟大的时代更需要伟大的精神

伟大的时代，从中华文明几千年的丰富积淀中走来；从近百年来积贫积弱的伤痛中走来；从多少仁人志士寻找救国救民的道路中走来；从共产党人带领中国人民做出巨大牺牲中走来；从中国人民用自己勤劳的双手建设、用汗水浇灌的新中国走来，迎来了中华民族伟大的时代。它是中华民族自强不息伟大精神的恩赐，不能忘啊！

伟大的时代要居安思危。自己和自己比，各方面发生了翻天覆地的变化，要感恩，可喜可贺，然而现在还不是唱赞歌的时候。我们的经济总量可以，我们的教育、科技、国防实力相配套吗？我们经济发展了，人的精神道德水平配套了吗？我们要清醒地看到，我们进入了新的时代，还有大量的工作要做要解决，要居安思危，继续保持和发扬谦虚谨慎、戒骄戒躁、艰苦奋斗、不怕困难勇往直前的伟大精神。

伟大时代要走向何方，要到哪里？实现现代化，实现中国梦是我们近阶段的目标。我们党的宗旨是实现共产主义，路还很长很长，还要几代人甚至几十代人的不懈奋斗才能实现，要永远保持清醒的头脑，一点都不能松懈。我们要把伟大精神一代一代地传承下去，发扬光大，一代更比一代强。教育是我们永远的大事，教育怎样就出怎样的后代。未来在召唤，要高扬传承中华民族的伟大精神。

前辈用鲜血和汗水换来了新时代，我们要感恩，但历史责任已经落在我们肩上，我们要不负时代，不辱使命，不忘初心，勇于担当，继续高扬中华民族精神的伟大旗帜，再创辉煌，创造出不愧时代，不愧前人，引领未来的人间奇迹。

鲁迅曾说过："唯有民魂是值得宝贵的。唯有它发扬起来，中国人才有真进步。"

（二）教育是万年的根本大计

孩子是家庭的希望，是社会的未来。

现代社会，孩子的成长主要靠教育来实现，国家的教育担负着主要的教育任务。教育关系着每个人，每个家庭，国家以及社会的未来，教育有多重要?! 教育是伟大而又神圣的。

教育是教人，培育人。教育要培育怎样的人？孔子是世界公认的教育的先驱，教育的圣人，教育对于我们中华民族有着悠久的历史，培养怎样的人是非常清楚的，非常确定的。

教育的本义是唤醒灵魂，教育的目的是丰富心灵，教育的使命是提升人性。个人的优秀，归根结底是人性的优秀。民族的伟大，归根结底是人性的伟大。人类的进步，归根结底是人性的进步。人性的提升，是人类一切文化事业的终极使命，也是教育的终极使命。真正的教育，是自由的精神、公民的责任、远大的志向，是批判性的独立思考、时时刻刻的自我觉知、终身学习的基础、获得幸福的能力。其真谛不是传授知识和技能，却能胜任任何学科和职业。

现在中国社会发展了，经济生活水平提高了，现行教育的一些问题，必须引起高度重视。就只谈教育的急功近利，不符合教育的本义、教育的目的、教育的使命，其祸害无穷。如果说危害，那不是一代人，而是几代人，是整个民族、整个国家的长远之计。

教育的问题不单是教育部门的事，教育要反思，社会和国家也要反思。这跟国家高招、选才、用才及其就业有极大关系，政策导向有没有问题？如果让教育这样继续下去，将会是严重影响祖国未来。

教育家陶行知先生说："教师的职务是千教万教，教人求真；学生的职务是千学万学，学做真人。""我们深信教育是国家万年根本大计。"教育是立国之本。教育是强国之基。教育是未来。

（三）精神是人生的灵魂，教育是人生的心力

人生路说长也长，说短也短，一般就几十年到上百年。人生路走得顺不顺，走得好不好，每个人都不一样，千差万别，或者差异很大。但每一个人活在世上，都希望路走得顺一点，好一点。

人生路要走得好，要有灵魂、有思想、有道德；又要有心力、能力、毅力。也就是我们常说的德与才，德才要兼备，才能走得远，走得顺，走得好，创造美好的人生。灵魂需要精神的熏陶和指引，有灵魂，走路才有方向。心力需要教育的培育和帮抚，才能提升能力，有能力才

能做好事情。有灵魂有心力的人生会是有活力、有意义、丰富的人生。

灵魂需要精神的熏陶是多方面的。可以学习中华的传统精神，时代的精神，英雄人物的榜样和精神，身边的好人好事，把可贵的精神和自己比较，以榜样的精神作为引领，经常鞭策自己，鼓励自己，检查自己，不断提高自己的精神境界，不断充实和丰富自己的灵魂。长期坚持，不断完善自己，就会形成习惯。灵魂将会成为自己人生的指引。

心力需要教育的培育。教育也即他教和自教，但更重要的是自教。教育是学习，学习课堂知识，做人的道理；学习社会，了解社会，做社会需要的人；学习历史，知荣辱，明心智；学习自然，与自然和谐相处；学习文化，提高思考问题和解决问题的能力。自教，是自己自觉的学习，终身的学习，时时处处的学习。在学习中思考，在思考中提升自己，"书山有路思为径，学海无涯乐作舟"。心灵充实了，丰富了，人就有精神，有活力。"有心者事竟成"，心力足了，做事有信心，事半功倍。

人生其实是修炼的过程，学习的过程，做事的过程，做人的过程。人生是过程，不是结果。

十、自由、全面与发展

自由，最基本的含义是不受限制和阻碍（束缚、控制、强迫或强制），或者说不存在限制或阻碍。自由也就是在这个条件下人可以自我支配，凭借自身意志而行动，并对自身的行为负责。

对个人而言，自由是指他（她）希望、要求、争取的生存空间和实现个人意志的空间，这个空间包括社会的、政治的、经济的、文化及传统的等外部条件，同时也包括个人欲望、财富、世界观、价值观的欲望表达等因素。

自由是人类在获得基本生存保障的前提下，渴求实现人生价值，提高生活质量进而提高生命质量的行为取向和行为方式。自由还是一个非常具有时限性和相对性的概念，因此，不同的群体、不同的个体的看法是不同的。

所谓自由，不应该想要寻求谁的施舍，即使被束缚，只要心不被压制，对于自己而言随时都可称之为自由。

追求自由的最终目的在于获得幸福，因为人的最终追求是幸福，所以，人们追求自由的根本目的必然也是为了获得幸福。

对任何社会而言，其中社会个体的自由均是相对的自由，必须受到该社会的约束。每个社会个体的自由之间相互的制约即为社会的约束，即此社会为自由的社会。社会个体之间存在不平等的自由之间的制约关系即为不自由的社会。

康德说："自由是我不要做什么就能够不做什么"，这才是真正的自由。我要做什么就做什么，那不是自由，乃是野蛮鲁莽，放纵情欲，或者说无法无天，你要烧国旗就烧国旗，要打人就打人，要杀人就杀人。

从来都没有无底线的自由，想要人生变得更好，反而要自己约束自己。自律给我自由。自由不是无止境的娱乐，而是不断寻找生命意义，全力以赴去实现它。只有在这个过程中，你才能感到自由。

自由是对人生的彻悟，必须经过足够多的人生阅历，还需要有足够的分析和判断力来总结这些阅历，从中得到感悟。

真正的自由是知足，舍得。

人认识了事物发展的规律并有计划地把它运用到实践中去，自由是对必然的认识和对客观世界的改造。

真正的自由，是人的思想境界、素质修养达到相当的高度，不想做违背法律和道德的事，即高尚的思想指导下的行动，才是真正的自由。

到现在为止，西方哲学找到可称为自由的东西叫"美"，中国哲学叫"道"，印度哲学（主要是佛教哲学）叫"空"。总体来说，自由是我们人类面对自然，天生的有限性而对无限的宇宙发出的呐喊。

自由与秩序是密不可分的，是相互依存的关系。自由是在一定的秩序之内才可以存在，如果没有秩序的约束，将无自由可言。秩序之间必须有一定的空间可以让人去改变，去活动，却享受自由。自由的实现有赖于秩序的建立，秩序的形成取决于自由被规范的程度。

实现人的自由而全面的发展，是马克思主义追求的根本价值目标，也是共产主义社会的根本特征。马克思认为，那时，人摆脱了自然经济条件下对"人的依赖关系"，也摆脱了商品经济条件下对"物的依赖性"，实现了人的"自由个性"的发展。自由时间的大大延长为人的自由而全面的发展提供了广阔的前景。人的自由而全面的发展，一方面是在多样化的生产劳动过程中实现的；另一方面又是在生产劳动之外的大量自由时间中实现的。

随着科学技术的发展和劳动生产率的提高，维持社会生产所需要的劳动时间会不断缩短。在共产主义社会，这个劳动时间将会大大缩短。人们只需要从事较少时间的劳动，就能为社会创造出足够的物质财富。这样，人们就可以有大量的自由时间来从事科学、艺术等活动，从事自己感兴趣的活动，从而极大地促进自身全面素质的提高。而这种自由时间里的活动反过来又提高劳动者的能力和创造性，促进生产力进一步发展。

自古以来，人类对于自由的追求，从来没有停止过，对自由的渴望，如同扎根在心中的大树，无法拔除。总有一天，它会突破心灵的束缚，开花结果。

自由的大门，会向向往追求它的人敞开，自由的人永远会有一颗不老的心，在拥有自由的同时，动力、梦想、追求也会向你走来。

歌德有这样一句名言："一个人只要宣称自己是自由的，就会同时感到他是受限制的。如果你敢于宣称自己是受限制的，你就会感到自己是自由的。"我们在获得自由的时候就会受到限制，不管他是谁。

天下无纯粹之自由，亦无纯粹之不自由。

全面，即完整，周密，兼顾各方面。

人的全面发展最根本的是指人的劳动能力的全面发展，即人的智力和体力的充分、统一的发展。同时，也包括人的才能、志趣和道德品质的多方面发展。科学素质是人的全面发展的内在要求。人的发展同其所处的社会生活条件相联系，旧式分工造成了人的片面发展，机器大工业生产提供了人的全面发展的基础和可能，社会主义制度是实现人的全面发展的社会条件。生产劳动同智力和体育相结合，它不仅是提高社会生产的一种方法，而且是造就全面发展的人的唯一方法。

"人的全面发展"是"全面发展教育"的目的，"全面发展教育"又是实现"人的全面发展"的教育保障和教育内涵。

"人的全面发展"首先是指人的"完整发展"，即人的各种最基本或最基础的素质必须得到完整的发展，即培养受教育者在德、智、体、美、劳等方面获得完整发展。

马克思主义从分析现实的人和现实的生产关系入手，指出了人的全面发展的条件、手段和途径。所谓人的全面发展，即指人的体力和智力的充分、自由、和谐的发展。

在共产主义社会，人的发展是自由而全面的发展，是建立在个体高度自由自觉基础上的全面发展。人的发展是全面的发展，不仅体力和智力得到发展，各方面的才能和工作能力也得到发展，而且人的社会联系和社会交往也得到发展。

共产主义社会中，人的自由而全面的发展指的是全体社会成员的发展，或每一个人的发展，而不是只有一部分人的发展。那时，在人与人之间形成了事实上的平等，整个社会是和谐的。

在现代社会，为了实现"人的全面发展"，必须不断地促进生产力和先进文化的发展，提高人民物质生活和精神生活，并为实现最终理想目标奠定坚实的经济和社会基础；由于劳动异化，使人变得畸形化、片面化，要使人得到解放，使人全面"复归"，提出了"两个文明"并重的历史任务，为人的全面发展开辟道路；通过提高生产力和发展教育科学文化事业来最大限度地满足人民群众的物质文化需要，可以通过大力提高人的素质、加强精神文明建设来促进人的全面发展。

人的自由、全面发展是一个宏大工程，不是一朝一夕的工夫，而是很长的历史过程，它和生产力水平、社会发展状况密切相关，必须靠艰苦、细致、长期的努力才能实现。但是随着社会的发展，科技的进步，人们认识的提高，人的自由而又全面的发展一定会实现，正如共产主义理想社会一定会实现一样。

发展，即事物从出生开始的一个进步变化的过程，是事物的不断更新，是指一种连续不断的变化过程，既有量的变化，又有质的变化。

发展是一个哲学名词，是事物不断前进的过程，由小到大，由简到繁，由低级到高级，由旧物质到新物质的运动变化过程。变化的根源是事物的内部矛盾性。

　　人的发展是在对立、转化、统一的相互作用过程中实现的。每个人的发展，都是以他人和过去的社会发展为基础，以为他人和未来的社会发展创造与提供了多少有利的条件这一客观实际为标志，从而在实践上实现自身与他人、个体与群体的互助合作、互利互惠、互促互补、和谐发展，实现个人发展与社会发展的具体统一。

　　人生活的意义，在于促进与实现人的发展，最有利于实现人的发展的生活，才是最有意义的生活。人的生活幸福，是对发展过程的体验。不利于发展的精神刺激和愉悦活动，不是正常人的真正幸福。这是和谐幸福观的基本观点。

　　经济的发展是为人的发展，为人类个体、群体、整体与自然万物的和谐发展，创造与提供更有利的物质条件。文化的发展为人的发展创造和提供更有利的精神条件。政治的发展为人的发展创造和提供更有利的社会运行条件。社会的发展为人的发展创造和提供更有利的社会环境。社会的发展，是人类整体发展的综合表现，要通过人类个体、群体及其相互关系来实现。

　　人生的发展必须有优秀的品质作为内在需要，也是人生发展的内在动力。优秀品质包括诚实，实话实说，不撒谎；守信，信守诺言；理解，不苛求社会和别人；只要给过一丝温暖和善意，都应该谢恩；绝不放弃，坚持上进；爱人类，爱所有人，爱自然，爱万物，爱，生命无价；灵动，乐观、活泼、深沉，永远向上。具有这些优秀品质，就会使自己的生命充满活力，热情奔放，善于协作共进，绝不退缩，事业风生水起，人生永远向上向前发展。

　　教育，是存在于人与人之间的一种必然关系，是由"发展"维系的。没有人的发展，就没有这种关系，也就没有"教育"。所以，教育即发展。人们通过建立教育关系，通过教与学的活动而实现人的发展，这就是教育。教育以人的发展为中心，就要认识到人的发展是受多种因素的制约和影响，必须正确处理好影响教育的内外诸多因素及其相互关系。教育与人的发展息息相关，人想要更好的发展，教育必不可少。

人的全面发展是社会发展的必要条件，是社会发展的重要内容。社会发展促进人向着全面性方向发展，丰富着人的全面发展的内容，两者相辅相成。

人的发展过程中，生理、心理和社会实践三种活动及其作用是共时、交融的。社会实践活动从综合的意义上把主体与客体、个体与社会、人的内部世界与外部世界联系起来，在个体自身的生理活动和心理活动均处于常态的情况下，它往往成为推动个体发展的决定性因素。

人的发展，无论是在遗传素质基础上的自然生长，还是个体与环境之间的相互影响，都是通过个体自身所在的不同性质、不同水平的一系列活动来实现的。它们三者之间彼此相互渗透、相互影响，从整体上影响着人的发展。就个体身心发展的全过程而言，每一种因素所起的作用，所处的地位，都随着个体的不断发展而有所变化，其自身的内容和结构也呈变化状态，彼此间的关系也在不断变动中。

发展是硬道理。发展是科学的发展。发展是永远的发展。

通过分析，我们觉得：

（一）人生的自由是自律给予的

上面说，自由，最基本的含义是不受限制和阻碍，这是动物性的自由，或者是原始人类的自由。随着社会的发展，进入文明社会，也就是阶级社会，自由是特定条件下的自由。也只能到了共产主义，没有了社会的限制和阻碍，才有自觉的自由。自觉是高度的充分的自律而形成的。

现代的社会，人生的自由与自律为伴。

进入阶级社会，因为各种问题和矛盾还比较多，随时都可能引起社会的冲突、动荡或战争，为了社会的相对安定，相安无事，建立了国家，发展了军队、警察等国家机器，相应制定了一系列的法律、法规、规章和制度。人们只能在这个要求范围内生活，否则就要触犯规定，就要受到刑罚，人们只能在这个范围内自由。同时，社会的团体，民间组织以及道德，都形成一些契约、秩序及行动规则，人们也都会相对约定俗成，自觉遵守，从而形成了自己的自由。不管怎样，人们的自由都是在约束情况下的自由，根本的约束，或者有效的约束，都必须自我约束，就是自律。

自由与自律是一对矛盾，相互制约又相互依存，互为关系。

自律，出自《左传·哀公十六年》："呜呼哀哉！尼父，无自律"！指在没有人现场监督的情况下，通过自己要求自己，变被动为主动，自觉地遵守法度，拿它来约束自己的一言一行。自律指不受外界约束和情感支配，自己的意志按颁布的道德规范而行事的道德原则。

遵循法纪，自我约束，也就是底线思维。自律是一种不可或缺的人格力量。真正的自律是一种信仰、一种自省、一种自警、一种素质、一种自爱、一种觉悟、一种美德，它会让你发觉健康之美，感到幸福快乐，淡定从容，内心强大。

自律才觉得自由的幸福，自由是自律的幸福。

岳飞曾说："正己然后可以正物，自治然后可以治人。"

自尊、自知、自制，也就是自律，才能把自己引向最尊贵的自由王国。

(二) 人的自由全面发展是现代社会的战略抉择

马克思主义指出，人的自由而又全面发展是共产主义的特征。共产主义社会是高度的物质文明与精神文明的社会，精神文明的一个重要方面是人的自由全面发展，共产主义社会已经具备了这个条件与可能，人可以自由全面地发展。另外，因为人的自由全面发展，社会才能是一个高度发达的自觉的社会。

共产主义社会的特征不可能在现在的社会主义就全面出现，然而社会主义社会是共产主义社会的准备和基础。社会主义社会大力发展生产力，大力弘扬和发展精神文明，目的是促进社会的发展，丰富和发展社会主义的质，也是实现共产主义的战略行动。无疑，人的自由全面发展是现代中国社会主义的战略抉择。

实现人的自由全面发展，是全方位、多方面的，但重要的基础的一点就学校教育。人的成长，人的发展，不管从身体、生理、心理、心灵、精神素养、技能、能力等都与教育息息相关。老师是园丁，是人类灵魂的工程师。学校、老师传授什么理念，什么思维方法，什么是人生的真正意义，知识怎样为人类为社会服务，学生是一张白纸，老师画什么就是什么。今日根深才能来日叶茂，名师出高徒。我们的教育是培养德、智、体、美、劳全面发展的人才，作为学生，走出社会，是一个更为广阔的、陌生的天地，人的自由全面发展又有新的内容。

人生是漫长的，学校和家庭与每个人相处的时间是有限的，更多的是自己的独处。独处是人灵魂的沉淀，思想的升华，行动的准备。要充分利用自己可以利用的时间，多学习，多思考，多反思，找差距，培养兴趣，广泛联系，不断提升自己，完善自己，丰富自己，不断实现自己的全面发展。人的自由全面发展是时代的需要，未来的需要，自身的需要。

（三）发展的本质是人的发展

发展，每一个社会、每一个国家、每一个民族、每一个地区、每一个家庭、每一个人都需要发展。"发展是硬道理。"同时，从横向看，每一个领域，每一个方面，每一个时间都需要发展，发展是永恒的追求。

什么都要发展，什么时候都要发展，什么情况下都要发展，发展是人类永恒的主题。

发展的本质是人的发展。

什么事都要人去做，不管什么社会形态，没有人就没有了社会。社会是人的活动，社会是人的社会。"只要有了人，什么人间奇迹也可以造出来。"人是社会的决定因素。社会应该把人作为最基本、最根本、最本质的问题，认认真真、踏踏实实、诚诚恳恳地做。人是社会的主人，人推动社会发展进步。国家的真正强大，是人才的强大。国家的发展，是人才的发展。

人的发展，关键和核心是人的自由全面发展。学校是培育人的摇篮，是哺育心灵的孵化器，学校对于人的一生影响重大，现在我们是办学条件、物质条件极为改善的情况，国家对人的教育培养主要通过学校来实现。教育必须无愧于国家、无愧于人民、无愧于每个人、无愧于天地，培养国家需要、社会需要、个人舒心的人才。

创新是引领发展的第一动力。抓创新就是抓发展，抓发展就是抓人才的发展，抓人才的发展就是谋未来。

第三篇

03

| 人与自己的辩证关系 |

一、天道、人道与自我

天道，指天的运动变化规律。"道"是中国乃至东方古代哲学的重要哲学范畴，表示终极真理、本原、本体、规律、原理、境界，等等。天道，指运作永恒的道。道生万物，道于万事万物中，又以百态存于自然。道有非恒道，恒道；可想象，不可想象；可感知，不可感知；有属性，无属性等之分。道，这个字包含无数法则，而不是一个组织，一个家庭。所谓悟道，就是超脱，不停地升华，寻找生命的本源，成就永恒。

道的力量无穷无尽、无处不在，能把宇宙奥秘直截了当地展示出来，随时随地。道在一念之间，可以感知，它简单，实在，能被每个人感知。道，就在那里。你不靠近它，它就不会理你；你去向他索取，它也不会吝啬。通通展现出来，你拿走多少都行，不分好人坏人，来者有份，一视同仁。

人可以没有宗教，但不可以没有道。

每个人都活在自然里。自然界依据"道法"构成宇宙，包括全部的存在与不存在。

道法自然。道不是人为的，它是生命和自然之间唯一的联络密码，中间没有语言，也无法借助语言来周转。

"道"，是天地内外所有的规律和非规律，法则和非法则汇集而成的宇宙的根本法则。第一个指明"道"的人是老子，老子是人类智慧之父。

2600 年前，世界东方同时出现了两个强大的灵魂，老子和释迦牟尼以人的方式，简单揭晓了宇宙和人的奥秘。这个奥秘，就是"道"。彻底了解道的人，就是"神"，就是"佛"，世人才超越了对神对佛的字面理解。

道是自然的法则，只能被发现，无法被制定、被发明，更无法用于号召他人。只能被尊崇和顺应。得道的方法，不是思考和归纳，而是直接感悟。

天道就是规律，规律就不可违背，我们的主观意志不能破坏法则的自我生长和自我守护。天道是天时地利人和，天道是自然规律，社会发展规律，是人性发展规律。

天道，万物之道。也可理解为万物的最初本质，天生道，道生性，性生恶善，恶又分为七情六欲，这就是人性。老子《道德经》："天之道，损有余而补不足。"天道就是减少有余而补充不足。佛教："通一道，而齐万道，此道即天道也。"感悟天道可以预知到一些事情的发展轨迹，因为所有的事物究其根本都有同一道理。

互联网源于天地之道。

二进制的源头，人文的实质，使互联网成为道的模型，彰显着自然的力量。

互联网，便是一张太极图。互联网的出现，迫使人们改用安静的方式来面对世界，因而使人们认识宇宙的能力从局部转向了整体。

互联网是人造的自然模型。演示自然，却并非自然。互联网的生命特征，并非源于自身，而是来自人类一体化的关系。人类社会发展到互联网时代，大大小小的群体都在重新组合。

互联网提醒我们：法则是自然存在的，不需要建立或捍卫。即便是建立或捍卫，也应该是零成本的。

互联网思维，是成本归零的思维。道法自然，无可抗拒。

互联网世界是个变化万端的不可知体，彰显出自然的本性，也体现了人世间的综合关系，包括文明与文明之间的关系。

互联网演示了道，天代表了道。人与自然连接，是广义的互联网思维。天人合一，并无你我他。不同天，则不同人。同天同人，则物以类聚。

互联网和太极图之间，是道的关系。

天道，不以人的意志为转移。

人道，指做人的道理；社会的伦理关系；尊重人类权利，爱护人的生命，关心人性的道德理念。

在佛学中，人道是六道（天、阿修罗、人、畜生、饿鬼、地狱）轮回中的其中一道。

所谓的人道就是关于人的本质、使命、地位、价值和个性发展等的思潮和理论。它是一个发展变化的哲学范畴。人道思想是随着人类进入文明时期萌发的，但人道主义作为一种时代的思潮和理论，则是在 15 世纪以后逐渐形成的，最初表现在文学艺术方面，后来逐渐渗透到其他领域。

人道主义一词是从拉丁文 humanistas（人道精神）引申来的，在古罗马时期引申为一种能够促使个人的才能得到最大限度地发展的、具有人道精神的教育制度。在 15 世纪新兴资产阶级思想家那里，人道主义是指文艺复兴的精神，即要求通过学习和发扬古希腊和古罗马文化，使人的才能得到充分发展。在资产阶级革命的过程中，人道主义反对封建教会专制，要求充分发展人的个性。直到 19 世纪，人道主义始终是资产阶级建立和巩固资本主义制度的重要思想武器。随着资产阶级革命性的丧失和无产阶级革命运动的高涨，这种人道主义理论和思潮逐渐失去了其进步的历史作用。在现代，西方的思想家们虽然没有放弃人道主义的旗帜，但他们的人道主义理论，或多或少都具有虚无主义或悲观主义的色彩。

谢周勇先生在《论新时代》一书中，首次提出社会人道概念，创造了伟大的社会人道主义学说，将人道主义推进到社会人道主义阶段，才真正科学地解释了人道主义，并为全人类的社会学理论奠定下了真正科学的基石。

《论新时代》书中说：由于我们每个人都是单个的个人，因此我们必须承认每个人的价值，即必须承认每个人的人格。但是，我们每个人又都是寓于社会之中的，都是一个社会的人。因此，我们同时又必须承认人的社会性。为此，我们人类自身所特有的自然的生存和发展规律，即社会人道，包括了两个基本的内容，即在承认人的人格的重要性的同时，承认人的社会性。也就是说，我们人类的生存和发展，就必须在承认人的人格的重要性的同时，还必须承认人的社会性。

还指出：人类只是在社会人道的前提下，才能够规定出适应自身生产力发展的生产关系和上层建筑。是生产力与社会人道的关系构成了人类的本身所固有的一切，并直接进入了我们人类的历史；而不是生产力和生产关系的关系直接进入了我们人类的历史。

西方人道主义思潮，以及全世界古今各种宗教、思想流派等，都推进到科学的社会人道主义阶段。

人们在世界上行走的过程中，人有不同的想法、角度、立场，需要用语言文字来讲道理，这也是人的社会性一面。好的道理被流传，就形成思想。思想，与自然不直接相关，对应"人道"。

科学和哲学，是合乎逻辑的，逻辑是人类的工具。互联网粉碎了一切逻辑。互联网带来了陌生人互动，是全新的关系，拓展了人与人的维度。互联网的道理，需要人们重新体会。

互联网上的成败得失，道理在逻辑之外，却没有脱离人道：损不足而奉有余。

互联网思维是这样的：你有你的道理，我有我的道理。多元共生是不变的道理。这符合人道，符合天道。

互联网以世界大同的方式捍卫差异，处处体现非人力所及的平衡伟力。自然，不允许世界上有平等的东西，万类霜天竞自由，天道使然，就是人道精神。

互联网体现了人道精神。

自我，指自己，自己对自己。也就是自己，反思后纯净公正的内心世界。自我亦称自我意识，是指个体对自己存在状态的认知，是个体对其社会角色进行评价的结果。

"自我"与"自高""自大""自夸""自傲"表达的词义、概念、意思不同，不能等同使用。"自我"是褒义词，不是中性词，"自我"通常形容好的事物和表达好的概念时使用，如"自我醒悟""自我反思"。

综观自我概念的心理学研究，个体既可以以主体我的身份去认识和改造客观事物，此时的我处于观察地位；又可以以客体我的身份被认识、被改造，此时的我处于被观察地位。可见，每个人都是主体我（主我）和客体我（客我）的统一体。当个体把自己及其外界事物的关系作为认识对象时，这就涉及对自我意识这个概念和结构的探讨了。

自我意识是个体对自己的认识。具体地说，自我意识就是个体对自身的认识和对自身周围世界关系的认识，就是对自己存在的觉察。认识自己的一切，大致包括以下三个方面：一是个体对自身生理状态的认识和评价。主要包括对自己的体重、身高、身材、容貌等体相和性别方面的认识，以及对身体的痛苦、饥饿、疲倦的感觉；二是对自身心理状态的认识和评价。主要包括对自己的能力、知识、情绪、气质、性格、理想、信念、兴趣、爱好等的认识和评价；三是对自己与周围关系的认识与评价。主要包括对自己在一定社会关系中的地位、作用，以及对自己与他人关系的认识和评价。

自我意识的出现，不是意识对象或意识内容的简单转移，而是人的心理发展进入的一个全新的阶段，是个体社会化的结果，是人类特有的高级心理活动形式之一。它不仅使人们能认识和改造客观世界，而且能认识和改造主观世界。因此，心理学界把自我意识归入个性的调节系统，作为个性结构中的一个组成部分，成为个性自我完善的心理基础。

自我意识是人类所特有的心理系统，它具有意识性、社会性、能动性、同一性等特点。

个体的自我意识与个体的成长发展息息相关。自我意识在个体成长和发展中具有导向、激励、自我控制、内省调节等功能。

心理学研究表明，个体自我意识从发生、发展到相对稳定，大约要经过20多年时间。综观自我意识的形成过程，可以分成自我意识萌芽时期（生理自我形成发展期），从出生到3岁；自我意识形成时期（社会自我形成发展期），从3岁到青春期；自我意识的发展时期（心理自我形成发展期），从青春发育期到青春后期大约10年时间；自我意识完善时期（自我意识同一期），青春期后自我意识的完善和提高阶段，达到主体我与客体我、理想我与现实我经过激烈的矛盾和斗争，重新实现统一的时期。

自我意识的形成和发展的过程，正是一个人人格成长的过程，忽视了每一阶段的健康成长，都会给人带来终生的遗憾。

自我通常有四大意识。即自我批评，自觉地针对自己思想和行为上的缺点、错误，做实事求是的检讨，以期改正自我意识，达到对自身意识活动本质的认识；自我中心，从自己的立场和观点去认识事物；自我陶醉，内心深处的自己，真实的自己，自己毫不掩饰的一面；自我觉知，一般分为内在和公众两种自我觉知，常常表现为坚持自己的行为标准与信念，以及害怕别人评价自己。

互联网的本质是关系。基于生活，需要支付的只是关系成本。互联网的用处是发生关系。人们发生正当关系，都是免费的。降低生活成本，这才是人道，互联网是用来建立并简化关系的，而不是相反。

互联网上都是陌生人。拒绝或采纳陌生人的建议，都不会有心理负担。归根结底，还是听自己的。顺从本心，无怨无悔。互联网思维是关于唯一性的思维，每个人都是独一无二的，所做的事情也应该是独一无二的。

人创造了互联网，互联网造福人。

勇于承担，勇于付出，勇于改变。抓住每分每秒，全力以赴，放大梦想，不断耕耘。路，就在脚下。超越自我，赢在未来。

我们要改变世界，首先要自我改变。驾驭命运之舵是奋斗。超越自我，完善自我，让人生更精彩。

通过分析，我们认为：

（一）天道永远是每一个人心中的"神"和"佛"

天道，指天的运动变化规律。它表示终极真理、本源、本体、规律、原理、境界，等等。道生万物。

人类依赖于天道才能存活，天道赋予人类以智能，凭借天赐智能，成就了一次次文明，逐渐转为地球的主人。

"道"，汇集了宇宙的根本法则。

天道就是宇宙，就是自然。天道给予万物，给予人类，给予人类智慧，给予每一个人，给予每一个人生命，给予每一个人灵魂。天道是"神"，是"佛"。

"神"和"佛"永远在每一人的心中，使我们心生敬意；永远的灵魂先导，永远的人生指引。我们的一切思想、行为和行动都要按照"神"和"佛"旨意去想、去知、去行。天意不可违，不可悔改，否则，最终会受到"神"和"佛"的刑罚。

天道就是这样无情。那些立于不败之地的人，往往都是恰到好处地掌握了天道规律的人。他们在事物即将发生反转的那一刻选择收手，从而使自己人生的最高点永远都处于一种"似到未到"的状态，这才是一种大智慧。

人生就是一场不断彻底认清自我的过程。人生，起起伏伏，千变万化，再好的机遇，再厉害的技巧，都敌不过天道和规律。

一切按规律办事，是行为准则，这就是"神"，就是"佛"。

（二）人道是思想宝库，是人生成长的营养来源

人道，意象地说就是人类走过的道路。人类几千年的文明之路，留

下了足迹，形成了思想，记录了历史。人道就是社会。人类的足迹就是文化，就是思想。

天道的得道方法，是感悟。人道的得道方法，可以学习、思考和归纳。

人道记录的足迹，人类的文化博大精深，源远流长，耐人寻味。文化涉及各个领域、各个方面、不同时期、不同地域，文化可以学习的很多很多，学不完。

对于每一个人的人生，首先尽可能多学习伟大思想宝库的精华，要根据自己人生的情况、所处的环境、所从事的工作以及人生的价值追求、人生的目标，在具备了一定的文化基础知识、基本常识以后，有计划、有重点地学习相关的知识。学习的渠道可以是学校学习，自己学习。学习是终身的学习。

学习知识以后，要结合自己的实际，认真的分析，比较和思考，理出一套适合自己的做法及其发展思路，并且要与时俱进，根据情况变化，不断研究，变化自己的思路。

人生有了目标，有了方向，有了想法，就要去做，去行动，去实践，使我们的工作有成效，人生更有意义。

这就是学习人道，弘扬人道精神，本身也是在传承人道精神，使人类的未来人道之路更加光辉灿烂。

人道就是把握今生，做自己想做且有意义的事。顺天道，汲天道。行人道，决不可忘本，施人道决不可滥行。

生存在一个世道，就要活出一个人道。

（三）自我完善是每一个人的终身任务

自我，指自己，自己对自己，亦称自我意识。自我意识与人的成长发展息息相关，上面已有了说明。

自我意识在个体成长和发展中具有导向、激励、自我控制、内省调节等功能。人生在世，近百年的时间，要经历很多事，做很多事，和很多人接触。人出生开始，应该是一张白纸，让每个人画一张人生图，图画出来的结果差异很大。其中有一条极其重要的原因，就是人生自我意识在人生成长和发展中的调控问题。

人生的作为，与遗传基因有一定的关系，但更重要的是后天的修炼，也就是自我意识的调控。家庭教育和学校教育对于自我有相当影响，幼小心灵，你灌输什么就是什么，特别孩童时代，还没有分析能力，这就要求家长和学校严肃对待这个问题，"千里之行始于足下"，教什么，怎样教？高中、大学阶段有了分析能力，对教育情况多少会有自己的看法，当然学校的教育仍然是至关重要的。

从学校转入社会以后，人生的社会角色变了，在社会已逐渐成为主角。角色变，自我意识调控方向也要变，应该从导向的功能转向激励、控制和调节的功能。要激励自我，工作中要控制和调节自我的情绪、心绪，千方百计把工作做好。随着年龄的增大，工作和家庭责任的增加，控制和调节就显得更重要了。人生的自我意识调控是终生的，学习和导向是终生的，激励是终生的。

"人不为己，天诛地灭"，意思是说人如果自己不修炼自己的德行，那么天理难容。也可以说一个人如果不注重自己修养的话，很难在天地间立足。

如果你只是一个平凡简单的人，别人很难注意你，甚至嘲笑、轻视你。如果你凭自己坚强的意志力，挑战自我，超越极限，战胜困难，勇往直前的时候，别人自然会关注你，而且从内心佩服、敬佩你。

挑战自我，战胜自我，完善自我，超越自我，乃人生之道。

二、感悟、思考与知行

感悟是由感而知、而觉、而悟，这是一个由浅入深、由感性到理性、由低级到高级的认识过程。感悟也是指人们接触外部事物后，有所发现，有所感触而领悟一些道理或思想情感。

道是宇宙的根本法则。

在东方世界，老子和释迦牟尼关于宇宙观和生死观的学说传播甚广，妇孺皆知。后来衍生出道、佛两派世俗宗教，但没有掩盖他们二位所立道学的光辉。这就是"东方道学"，人类的智能达到了顶点。

用太极图能画出世间的一切。这是东方道学的思维工具，也是人世模型。

道在一念之间，能被每个人感悟。它是最简单、最根本、最实用的行动指南。道的力量无穷无尽，无处不在，随时随地能把宇宙奥秘展示出来。道，就在那里，不管是谁，去向它索取，来者有份，一视同仁，不嫌弃谁，不眷顾谁。

每一个人都活在自然里。自然界依据"道法"构成宇宙。道法自然，道不是人为的。道是唯一能作用于灵魂并落实到行为的法则，直接对感悟者见效。

道是自然的法则，只能被发现，无法被制定、被发明，更无法用于号召他人。只能被个体尊崇和顺应。

得道的方法，不是思考和归纳，而是直接感悟。太极图是天赐的神器，可以助人感悟。太极图里，能直观感悟到很多道中法则。

互联网是人造的自然模型，演示了自然，却并非自然。互联网的生命特征，来自人类一体化的关系。

把握互联网的诸多本质，需要一个高端的思维工具，这便是太极图。

互联网和太极图之间，是道的关系。

自然的秩序到底是什么样子？互联网已经给出答案：机会均等、个体自由。这就是道，道是常识，不高深，也不复杂。

东方道学认为：宇宙万事万物中，都有阴阳两个方面，分别代表两种能量，相辅相成、相互作用，构成本性与属性。

太极图中的一阴一阳，代表人为区分的成败、大小等因素，两者缺一不可。组合变通、中正不移，才能解析宇宙和生命的密码。

哲学和宗教一样，都根植于人类对道的领悟，都包括"天道、物道、人道"。

东方道学关于宇宙和生命的终极结论，都形成了完整的体系，直接对应世人的宇宙观、生命观、社会观。这是一套超越了生死的智慧系统，始终对人类整体发挥作用。

如今，行万里路、读万卷书、交四方友这些事，都被凝缩在一个屏幕里面。互联网每时每刻提供着全部的结果，但每个屏幕显示的都是局部，也都是必然的唯一结果。

东方道法所倡导的求道，就是把一切简单化。道是本源，就在我们内心。内在的自然，包含了一切。

心有灵，万物有灵。万物之灵，存乎一心。这一心是本心。本心藏于内心，容纳自然宇宙。自己跟自己合一，自己不打搅自己。

不断产生灵感的状态，就是天人合一。此时，灵魂与宇宙之间，产生强大的直觉和潜意识。

互联网演示了道，天代表道。太极图助人悟道。

思考，指针对某一个或多个对象进行分析、综合、推理、判断等思维活动。自从猿类进化到人类，人类就开始了漫长的历史，也进行了漫长的思考。

在生命的历程中，思考指引着我们的脚步。对于人来说，思考决定着一个人生命的轨迹。有着怎么样的思考就会有怎么样的人生，尤其是在人类已经高度发展的今天，这种关系显得愈加明显。

"当一个人进行思考时，他就因此存在。"可以说，一个人是在思考中挺立起来的，他的存在是他思考的总和。在生活中，人思考因为发现了问题，在解决问题的过程中人们会有一个思维过程，这个思维过程就是思考，并不是说有结果才是思考，没有结果的思维过程也是思考。思考是人类特有的现象，动物有的只是本能。

思考的结果导致行为，行为是思考后的外在表现。思考造就了人类，人类的成长是有规律的，不是靠技巧就能够完成的。正确的思考可以创造一个精彩的、欢乐的、神圣的人生，而错误的思考和非理性的选择会把人引入深渊而无法自拔。人的性格也是长期的思考中慢慢地成型，而不是天生的，当然还有环境的影响。

思考方式决定人的行动方向。巴尔扎克有句名言："一个能思考的人，才真是一个力量无边的人。"思考的深度决定工作的力度。古今中外大凡有建树的人，都是善于思考的人。

勤于思考，说到底是能不能发现问题和提出问题，这不仅关系到工作有没有创造，而且关系到人生有没有作为。工作时切忌人云亦云，遇到问题要刨根问底，不仅弄清是什么，还要寻清为什么，更要弄清怎么办。既有看法，又有说法，还有办法。

做到敢于思考，还应注意锻炼自己的批判思维能力。爱因斯坦说过："发展独立思考和独立判断的能力，应当始终放在首位。"每天花一点时间专门看权威的书籍，找出他们的观点，动动自己的脑子来进行批驳。天天这样，独立思维能力就能训练出来。

"人道"对应的是人类的思想，与自然不直接相关。思想家行走于社会，哲学家独立于天地。

"人道"就是思想，需要学习和思考，无法用心灵全面感知。利用记忆和逻辑总结出来的经验、经书、经典等，都属思想一类。

人道的道理，我们要思考。天道与互联网的关系，人道与互联网的关系，我们要思考。

华罗庚说："独立思考能力，对于从事科学研究或其他任何工作，都是十分必要的，在历史上，任何科学上的重大发明创造，都是由于发明者充分发挥了这种独创精神。"

有言曰："知而行之，义也。安而行之，义也。知而行之则善，知而不行则耻，不知而不行则庸，不知而行则可怕了。""知"就如人们的眼睛和耳朵，而"行"就是双脚和双手。多闻多见为知，脚手去作为行。

知而行，就是知识与实践的关系，两者辩证统一。关于知与行谁先谁后，有的认为行先知后，有的认为知先行后。宋明理学时期的王阳明所提出的知行合一的观点，认为，在生命一出生开始就无时无刻不在进行着知与行的活动，无时无刻不在进行着对世界的感知和学习，无时无刻不在进行着生命的活动和影响周围自然界的活动。在感知和学习的过程中有行，就是用脑去记忆和整理思维，同时在行的过程中进行知的过程，这体现了知之中有行，行中有知，二者相互统一，紧密联系。这个观点符合马克思主义哲学关于实践决定认识的精神。实践是认识发生的基础，实践是认识的来源和动力，实践是检验真理的标准。同时，认识反作用于实践。正确的理论指导实践，会使实践达到预期的效果。实践和认识是辩证的关系。

王阳明的"知行合一"思想认为，一方面，知中有行，行中有知。知行是一回事，不能分为"两截"。二者互为表里，不可分离，知必然要表现为行，不行不能算真知。良知，无不行，而自觉的行，也就是知。另一方面，以知为行，知决定行。王阳明说："知是行的主意，行是知的功夫；知是行之始，行是知之成。"知行是一个功夫的两面，知中有行，行中有知，二者不能分离，也没有先后。人们要言行一致，表里如一。

有人说，世界上最远的距离是知与行的距离。知与行之间，距离到底有多远？知行合一的境界，我们何时才能达到？如果你有热情，万里如在眼前；而如果你没有雄心，咫尺也是天涯。

成功需要奉行一个真理：当你清楚了做事的方法和原则之后，请立即行动起来并坚持下去。我们既要"知"，又要"行"，更要"即知即行""即知即做"，且知且行，且行且思，行到更远的远方，并有更新的"新"。确定了自己的"知"和自己的方向，请拿出你的热情，在月华风影里，在霜天香花里，在春秋代序里，找到人生的真谛和生命的喜悦。

"天道"，我们感悟了道。"人道"，我们思考了社会。因为感悟和思考，道的奥秘和社会的规则触动我们的灵魂，感动我们的心灵。作为我们每一个人要生活在地球、在社会几十年，面对着宇宙世界，必然会有所知，有所行，这是每一个活着的人们必须面对的重大问题，必须以自己的行动给宇宙和社会留下印记。

"天道"感悟的道和"人道"思考的理，是我们人生中的"知"的基本的部分，还必须结合社会现实、社会条件、自己的各种情况，综合分析、推理、判断出人生的"知"即目标及阶段性的分目标，进入人生的行，边知边行，边行边知，知行合一。很多问题可以借助互联网的辅助，助我们一臂之力，让知行结合得更好。

通过分析，我们必须做好：

（一）人应该以感恩之心面向人生

感悟了"天道"，我们觉得，没有"天道"就没有宇宙，就没有大自然，就没有天、地、人，就没有地球，就没有万物，更没有人类。天道给了人类予智慧，也才可能成为地球的主人。我们生活得很好，自然每天供给我们阳光、空气、水、粮食等，给了美好的家园，有动物、有植物、有生物，千姿百态，我们生活得无忧无虑，自由自在。我们不感恩"天道"，不感恩天地，能允许吗？

　　思考了"人道"，我们觉得，没有"人道"，没有几千年的文明史，没有前辈们的辛苦劳作，能有美丽的家园？能有语言、文字、吃穿用住行的方便吗？能有文化、思想、法律吗？能有幼儿园、学校吗？我们生活丰衣足食，五彩缤纷，我们不感恩我们的先辈，不感恩"人道"，能允许吗？

　　感恩要永远藏在心里，时刻激励和鼓舞活着的人们。重要的是要把感恩转变为行动的力量，做好我们的工作，做好我们的生活才是对感恩的回报。

　　我们的"知行"要尊崇"天道"。道给出宇宙的奥秘太极图，道也做了拆解，这是给我们指出的尊崇，天意不可违。道法自然，道在心中，永远这样，按规律办事，"神"和"佛"会保佑我们，我们的事情就会如意，就会顺利。

　　我们的"知行"要合乎"人道"。道给出做人做事的道理，给出了生活的真谛，给出了各种各样的道理，提供了多种多样的方便，这些我们可以学习、研究、归纳和总结，并结合我们的现实状况，确定"知行"的目标、方向、途径和方法，知行合一，在行中知，把事情做得更好，这是对前辈感恩的回报，对"人道"的回报。也为我们的后人做好榜样，做好示范，留下"财富"。

　　学会感恩，感恩上苍的赋予，感恩父母的养育，感恩朋友的帮助，感恩师长的教导，感恩大自然的恩赐，感谢食之香甜，感谢衣之温暖，感恩花草鱼虫，感恩困难逆境，感恩的心感谢有你。

　　回想起自己成长的路，只因为有你们，我才万般的眷恋这个五彩斑斓的世界。我怀揣一颗感恩的心，向每一个支持过我的、共事过的、曾经反对过我的人们说一声：谢谢！

　　（二）互联网应该而且必须是我们人生的重要辅助

　　互联网，又称国际网络，指的是网络与网络之间所串连成的庞大网络，这些网络以一组通用的协议相连，形成逻辑上的单一巨大国际网络。

互联网始于 1969 年美国的阿帕网，泛指互联网，特指因特网。互联网的基本优点：互联网能够不受空间限制来进行信息交换，信息交换具有时域性（更新速度快）；交换信息具有互动性（人与人，人与信息之间可以互动交流）；信息交换的使用成本低（通过信息交换，代替实物交换）；信息交换的发展趋向于个体化（容易满足每个人的个性化需求）；使用者众多，有价值的信息被自愿整合，信息储存量大、高效、快速；信息交换能以多种形式存在（视频、图片、文字等）。互联网的这些优点，应用在各个方面，其作用是不可想象的。以上分析，互联网应用于道、社会、人生的分析，它模拟自然、社会，它的作用是我们所不能及的。

互联网是全球性的。这个网络不管是谁发明的，它都是属于全人类的。互联网比任何一种方式都要快、更经济、更直观、更有效地把一个思想或信息传播开来；它具有印刷出版物所应具有的几乎所有功能；网络语言以简洁生动的形式，一诞生就得到了广大网友的偏爱，发展神速。然而互联网也有消极影响，比如虚假信息、网络欺诈、色情与暴力、网瘾、黑客攻击等。为此，我们要加强网络管理，促使互联网更好地为社会服务。据中国互联网络信息中心统计报告，至 2020 年 12 月，中国的网民规模为 9.89 亿，互联网普及率达 70.4%。

我们人生要做很多很多的事，接触不同的人，新事物层出不穷，各种文献资料浩如烟海，为了准确、快简、方便，我们的许多想法和工作可以借助互联网。互联网是人文的、免费的、平等的、生态的、自然的，这样我们的工作才能更有主动，更有成效。人生的"知行"才会更顺、更稳、更远。

（三）人生就是"知行"的一生

人从一出生，知行就开始，婴儿要吃奶，要拉撒，会哭会闹，长大点就会玩，要东西，听音乐，这就是知，就是行。知引起感受，哭啊、笑啊，心灵不断在滋润，心灵在成长，身体在成长。行同样引起感受，吃奶，玩玩具等就是行，小孩的行与成人的行不一样，也是行，感受反映到心灵，到大脑。随着年龄的增长，孩子越长大、越聪明、越懂事。"知行"随着人的成长不断发生质的变化，质不断地提高，踏入社会，"知行"就要与社会衔接，先是适应社会，再就是改善社会，改变社会。

人"知行"的作用就是对外发生作用，对外包括社会、家庭、别人以及有关的事，最后的效果由社会和别人来评判。另外，"知行"的作用就是对自己，我们做事以后，必然会反映到自己的头脑，自己做出分析，分析利弊，分清是非，从中提高了我们自己的内在素质，充实我们的心灵感受，从而提高了分析问题和解决问题的能力，这其实是我们"知行"的真正的实际的目的。人的素质提高了，为以后"知行"提供更高的平台，为今后的人生之路创造更好的条件。

知行合一思想的创始人王阳明跟其他的圣人、哲学家最大的区别，就是他不是理论派，而是一个彻头彻尾的理论加实践派。人的知识是学出来的，人的能力是练出来的，人的境界是修出来的。

掌握知行合一，不仅仅是靠学习知识，而是要在实践中磨炼。心学创始人王阳明就是在实践中完善"心学"和"知行合一"，并最终悟道，"修"出来的。

人生，"知行"的人生。"知行"，造就人生。

三、生命、生存与生活

生命的内涵是指在宇宙发展、变化过程中自然出现的存在一定的自我生长、繁衍、感觉、意识、意志、进化、互动等丰富可能的一类现象。新陈代谢和自我复制是最基本的生命现象。随着生物的进化，生命现象愈加复杂，主要包括应激性、发育、遗传、变异、运动、调节等。

生命是生物的组成部分，是生物具有的生存发展性质和能力，是人类通过认识实践活动从生物中发现、界定、彰显、抽取出来的具体事物和抽象事物。生物是具有生命、生存意识、生存性能的自然物体。生命和生物既相互对立又相互统一，生命、生存发展性能、生存发展意识是生物具有的本质、属性、规定和规律，是生物的组成部分和组成元素。

生命是具体事物和抽象事物组成的对立统一体。生命首先是人通过认识实践活动从各种生物中发现、界定、彰显、抽取出来的共性规定。生命其次是人通过认识实践活动从个别生物中的发现、界定、彰显、抽取出来的个性规定。

任何生命都是处在一定时空之中的生命，都是对人类生存发展具有一定价值、一定意义的生命。

个人生命的价值和意义是有差别的，一个人只要努力奋斗，顽强拼搏，就能充分发挥和展现自己生命的价值和意义。生命是一个事物，是一个对立统一体或矛盾体。某一个生命是世界大家庭里的一员，是具体事物和抽象事物、时间和空间、正价值和负价值组成的对立统一体或矛盾体。

现代生物学给生命的定义：生命是生物体所表现出来的自身繁殖、生长发育、新陈代谢、遗传变异以及对刺激产生反应等复合现象。

天地万物，大自然赋予了生命，它们各自以其生命的姿态，装点着这个美丽的世界，诠释着自己，用独特的方式热爱着大自然，热爱着自己的生命。

人是为了活着本身而活着，而不是为了活着之外的任何事物而活着。死亡不是失去生命，只是走出了时间。

最初我们来到这个世界，是因为不得不来；最终我们离开这个世界，是因为不得不走。

"道"是最强大的生命力。因为"道"具有自我更新的能力，即自己否定自己，更新自己的能力。天地间任何事物都是从"道"这一母体脱胎出来。这"道"是母，还是婴儿。如果仅把"道"理解为"母"，还是没有真正领会其生命力之强。"婴儿"是东升之旭日，生命力旺盛。"道"之所以是最强大的生命力，原因在于她既是"母"又是"婴儿"，"道"的生命力最强大。

"道"是内在的最原始的驱动力。推动事物发展的最大动力源自事物自身的内驱力，这和现代哲学的关于事物发展变化的根本原因是事物的内部矛盾性引起的观点相一致。事物内驱力的生命力是最强大的。

"道"不凝固僵化。"道"就是在不断地弃取具体事物中实现自身的存在，犹如天地之间的大风箱，气体不断更新，什么都没留滞，但又具有容纳无数气体的能力。

"道"借用无穷力量。"为学日益，为道日损。损之又损，以至于无为。无为而无不为"（老子语）。"道"的胸怀最大，无所不包。"天下皆谓我道大，似不肖。夫唯大，故似不肖。若肖，久矣其细也夫"！"道"包容万物。

天道，是人和自然的关系，思维基点是生命。

生命的意义是一个解构人类存在的目的与意义的哲学问题。生命的意义经常与哲学、宗教的存在、意识（自觉）、幸福等概念交集在一起，还会涉及其他的一些领域，如象征符号、实体轮、价值、目的、道理、善与恶等。

对生命意义在中国古代就已有过深刻的思考，而事实上宗教就是为解决生命与消亡、毁灭与存在等一系列矛盾而诞生的。中国对世界和生命的思考在诸子百家时代出现集中性爆炸，各个教派纷呈迭出令人目不暇接，道家、儒家、墨家、阴阳家……都思想精髓，令人深省。或许生命的意义则在于行善、爱人，而更为深掘乃为问道。

不同的人，对于生命的意义，各有不同。每个人都在生活，都在履行生命的意义，如果真要说意义，那就是生活。

生命如艺术品意义，不论其长短，都在生命的过程中彰显着属于他的奇妙意义。我的这段生命也许只是为了一段旅程，也许只是为了一段风景，也许只是为了一段爱情，这正是生命的美好之处。

人，最宝贵的是生命。生命对每个人只有一次。这仅有的一次生命应当怎样度过呢？每当回忆往事的时候，能够不为虚度年华而悔恨，不因碌碌无为而羞愧。

寻求生命的意义，所贵者不在意义本身，而在寻求，意义就寓于寻求的过程之中。探宝的故事，吸引我们的是探宝途中惊心动魄的历险情景，并不是最后找到的宝物。寻找人生意义是一次精神探宝。

生命是最基本的价值。在无限时空中，所有因素恰好组合产生这一个特定的个体。同时，生命又是人生其他一切价值的前提，没有了生命，其他一切都无从谈起。

懂得生命的真谛，可以延长短促的生命，使有限的生命更有效，等于延长了人的生命。

蒙田说："生命的用途并不在长短而在我们怎么利用它。许多人活的日子并不多，却活了很长久。"浪费生命是做人的最大悲剧。人固有一死，或重于泰山，或轻于鸿毛。生命，如果跟时代的崇高的责任联系在一起，你就会感到它永垂不朽。

对于每一个人来说，生命是最珍贵的。因此，对于自己的生命，当知珍惜，对于他人的生命，当知关爱。

生存，即生命存在，也是自然界一切存在的事物保持其存在及发展变化的总称。通常指生命系统的存在和生长。只要你在生活，只要你还存在，你就在生存。

生存的特征就是生长、适应和繁殖。比如，一个人、一棵树、一片森林就是一个生态系统。他们通过新陈代谢实现生长，通过遗传繁殖实现繁衍，通过适应环境实现进化，这就是生存。

社会系统像生命系统一样，也都生存在环境中。比如，一个家庭、一个公司、一个社团、一个政党都是一个个的社会系统。它像生命系统一样，具有生长、适应和进化的功能，因而在意义上也是生存问题。

人的生存不过是茫茫宇宙中一个小小的地球上的生物中的一种罢了，是宇宙的物质际会而成的一种特殊的物质形态。只不过这种物质构成了生命，有了较高级的思想。人类和其他物质一样，有产生、灭亡、转化等的特征。某个人现在生存着，如果将来消灭或转化为其他物质形态后，这个人也就消失了。

人的生存，需要存在的价值与意义，因为这些存在的价值与意义，才让人产生了动力，积极生活。但究竟人是为了生存，还是为了存在的价值与意义呢？其实，人生存和存在的价值与意义是并存的，是主动与被动的关系。

为了生存，人们被动的产生各种需求，努力为生存而生存。为了自己存在的价值与意义，人们主动去生活、去思考，去明白自身在整个文明过程中的价值与意义。两者并不矛盾，也不冲突。所有的物种，都存在有这样的一种生存意识，在这个意识中，有一遗传的基因命令，就是寻找永恒存在的方法、方式。

为了生存人们努力地去工作，这是为了小我的生死而被动的努力工作。在这个境界与意识中，人们因为被动生存，所以，容易活得很累。因为境界与意识问题，导致人的视角很低，能力降低，活得累，让人失望，人生看不到希望与未来。

人的生存，应该为了大我。为了人类的文明发展，体现自我存在的价值与意义，努力工作，发挥才干，在人类的文明中，留下你的价值烙印。这样对我们来说，有很大的价值与意义，因为你的努力，一起推动历史车轮的转动。

人生从被动生存到主动生存，从主动生存到追求自身存在的价值与意义，这应该是生存的一般发展规律，也是人生的追求。

规则是人类的生存之道。规则的本质，是限制自由、制造平等。

互联网本身就是一种规则。互联网规则是自觉的，它是人类有史以来唯一共同遵守的规则，因为它是人文的，人文来自灵魂，不由人的意志为转移。人文的本质是自然的，它符合人类的生存之道。

人生在世，每一个人都有自己生存的意义和价值，钞票再多，地位再高，身份再贵，也不要耻笑一个普通人。因为谁都有其用处，这个世界不是一个人的桃花源，谁在这个社会上都不能独自画出一个圆。

生存，是人生的一顿丰盛的套餐，酸甜苦辣，五味俱全。人生也是个不断进取的过程，世间万物都遵循着规律，不进则退，不思则钝。马克思说："任何时候我也不会满足，越是多读书，就越深刻地感到不满足，就越感受到自己知识匮乏。科学是奥妙无穷的。"人生就是这样一个丰盛的宝藏，挖地越深，越觉得神奇。

人道，是人和社会的关系，思维基点是生存。规则和秩序是回避不了的话题。

生活，广义上指人的各种活动，包括日常生活行为、学习、工作、休闲、社交、娱乐等。生活就是为了更好地活着，人生就是这样，不管是累是苦，是幸福是甜蜜，你都得为了生活而准备着。

生活是个简单而又复杂、平凡而又特殊的问题，不同的人有不同的看法，不同的人生观，对生活的感悟也不同。

生活实际上是对人生的一种诠释。生活包括人类在社会中与自己息息相关的日常活动和心理影射。人的各种活动包括日常的生活、个人生活、家庭生活和社会生活以及玩味生活。在一定意义上，人生的价值是人生的意义，评估人生"价值量"大小，可以理解人生的意义如何，理解人生意义大小。

生活是比生存更高层面的一种状态，也是人生的一种乐观的态度。

人同时生活在外部世界和内心世界中。内心世界也是一个真实的世界。内心世界不同的人，表面相同的经历具有完全不同的意义，实际上也就完全不是相同的经历了。

内心生活与外部生活并非互相排斥的，同一个人完全可能在两方面都十分丰富。只是注重内心生活的人善于把外部生活的收获变成心灵的财富，缺乏此种禀赋或习惯的人则往往会迷失在外部生活中，人整个儿是散的。

生活是广义的，内心经历、感情、体会也是生活，心灵的充实和丰富更是有意义的生活。一个人酷爱精神的劳作和积累，不断产生、收集、贮藏点滴的感受，日积月累，就在他的心灵中建立了一个巨大的宝库，造就了一个丰富的灵魂。心灵的充实和丰富，生活就有意义，人就觉得幸福。

生活平静地流逝，没有声响，没有浪花，涟漪也看不见，无声无息。突然，遇到了阻碍，礁岩崛起，抛起万丈巨浪。这时候，我才觉得我活着。人生的生活，要酸甜苦辣，要五味杂陈，要浪静波涛，才会真正体会生活，体会人生，体会生活的意义。

人生活在世，必须满足于过比较简单的生活，自己约束自己的贪欲，少做违心的事，就会获得好心情。对于一个满足于过简单生活的人，生命的疆域会更加宽阔的。

一个人在衡量任何事物时，看重的是它们在自己生活中的意义，而不是它们能给自己带来多少实际利益，这是一种有品位的生活。

生活基本需求满足之后，是物质欲望仍占上风，继续膨胀，还是精神欲望开始上升，渐成主导，一个人的素质由此可以判定。

生活得最有意义的人，并不就是年岁活得最长的人，而是对生活最有感受的人。生活的全部意义在于无穷地探索尚未知道的东西，在于不断地增加更多的知识。

学习是生活的捷径，要想生活得好，学习是唯一的选择。学习的内容，不外乎道理和技巧。明理即为借鉴，成于技达于艺。学习如耕耘。手眼之耕得技，笔墨之耕得经，元神之耕得道。学习的难点不在于学，在于习。不断实践，时刻感悟。习，是无止境的试错过程。学海无涯，艺无止境，活到老学到老。学习是立体化修炼。读万卷书、行万里路、交四方友，都是学习。

日本著名物理学家汤川秀树说："我认为觉悟到生活的意义而活在世上才是真正的现实主义的生活方式。"生活就是你的艺术。你把自己谱成乐曲，你的光阴就是诗。

互联网改变了人类的学习方式。甚至，改变了学习的定义。背诵和记忆的部分，已经不是学习的重点。人类迄今有用的知识，必要时敲敲键盘，不到三分钟，全能在网上查到。互联网帮助了我们"学"。"习"的方面，还是自己的事。向自己学习，找到自己的天赋，并发挥它，这才是关键。

艺，是数学加美学，专属于人类。它贯穿于生命、生存、生活，也覆盖信仰、信念、信任。艺也是人类生活的本领，是知行的重要方面。人不断追求艺的超越，才有了各种学科，才有各种科技和机器。

知行，是人和自我的关系，思维的基点是生活。心法和手艺是回避不掉的话题。

通过分析，我们认为必须做好：

（一）每一个人应当珍惜自己的生命

生命是最基本的价值。生命是人存在的基础和核心。生命是我们最珍爱的东西，它是我们能拥有一切的前提，失去了它，我们就失去了一切。

生命是最珍贵，给予人只有一次。然而对于生命的意义有各种各样的说法，生命对于社会的意义千差万别，很值得活着的人们认真分析，有所感悟。

历史上有多少仁人志士为了民族和国家，为了人民的利益抛头颅洒热血，献出了宝贵的生命，甚至是年轻的生命，比如文天祥、岳飞、康有为、方志敏、江姐……他们的生命短暂，但为人民利益而牺牲，重如泰山，永载史册。

现在是和平时代，人民当家做主，这是多少先辈用生命换来的，来之不易。科技的发展，社会的进步，文明为我们创造了优裕的物质条件，一般来说，生活无忧无虑。对于生命，我们怎样看；生活，要怎样过，这是一个社会的话题，也是对人生的拷问。

现代社会物质条件丰富，一方面物质财富超出维持生命的需要，超出的部分固然是享受，同时也让我们的生活方式变得复杂，离生命在自然之中的本来状态越来越远。另一方面，优渥的物质条件也容易使我们沉湎于安逸之中，丧失面对巨大危险的勇气，在精神上变得平庸。

人生在安逸的环境，很容易变得麻木不仁，不思进取，这确实是一个严重的社会问题。温室只能培养花朵，高山才能栽培出耐寒的松柏。国家有必要有计划地组织青年到部队去、到农村去、到工厂去、到边远的地方去锻炼，这样对于人生的成长，世界观、人生观的形成很有好处。

每一个人要有计划地有意识地磨炼自己。磨炼自己的意志，磨炼自己的心志；多参加体育锻炼，提高自己的身体素质；多帮助别人，多帮忙家务，修炼自己的思想和作风；要培养耐得住寂寞的心态，这是培养独立思考和独立精神的一种方法。

雷锋说："青春啊，永远是美好的，可是真正的青春，只属于这些永远力争上游的人，永远忘我劳动的人，永远谦虚的人！"一个伟大的灵魂，会强化思想和生命。人生如能善于利用，生命乃悠长。

人的生命是短暂的，靠我们平时的一点一滴积累、培养，积少成多，必成参天大树，最后才能成就有意义的生命。

(二) 人为了生存首先必须适应规则

只要你还存在活着，这就是生存。生存是生活的必要条件。只有生存下来才能感受生活。生存是平等的，生活是不平等的。

生存是欲望的表现形式，没有欲望，则生命寂灭。既然生存着，要让自己充满着欲望，时刻找寻新鲜的感兴趣的东西来让自己的追求得到满足。

规则是人类的生存之道。一般情况下，社会规则只能遵守，才有生存的可能，生存的希望。

人类原本的规则，是为了弥补道德。道德体系反过来掩护规则体系，解释权、行使权、修改权都归属制定者。庆幸，互联网改变了这一切，因为规则回归自然的本色。互联网本身就是一种规则，不属于现在普遍使用的规则中的任何一种，它却形成了一个全人类的组织。

人的生存，首先必须遵守和适应社会的规则，才能获得生存的必要条件。有了这个条件，可以运用互联网，人人成为规则的制定者。

(三) 怎样才能生活得更有意义

人同时生活在外部世界和内心世界中。内心世界也是一个真实的世界。内心世界是一个人的心路历程，它是无形的，生命的感悟，情感的体验，理想的追求，这些都是履历表反映不了的。

内心方面比外在方面重要得多。它是一个人的人生道路的本质部分。外在方面往往由生命、时代、环境、机遇决定，自己没有多大的选择的主动权，而应该把主要努力投入于自己可以支配的内在方面。这样，生活也才显得更有意义。

生活，内在的精神性的自我。可惜，很多人的这个内在自我是昏睡着的，或者是发育不良的。为了使内在自我能够健康地成长，必须给予充足的营养。如果你经常读好书，接受新鲜事物，沉思、欣赏艺术，拥有丰富的精神生活，你就一定会感受到，在你身上确实还有一个更好的自我，这个自我是你的人生路上的坚贞不渝的精神密友。

对于一个善于感受和思考的灵魂来说，世上确实存在有意义的生活，任何一种经历都可以转化为内在的财富。而且，这是最可靠的财富，因为正如一位诗人所说："你所经历的，世间没有力量能从你那里夺走"。

人与人之间最重要的区别不在物质上的贫富，而在于社会方面的境遇，是内在的精神素质把人分出了伟大和渺小，优秀与平庸。

俄国小说家库普林曾说："我认为人生的全部意义，在于精神、美和善的胜利"。人生的价值和意义，决定于在什么程度上和在什么意义上从自我解放出来。

人生活的真正意义在于内在精神。

四、信仰、信念与信任

信仰，指对某种思想或宗教及对某人某物的信奉敬仰。信仰是一种精神寄托，在你无助的时候给你力量；在你成功的时候让你继续前行；在你茫然的时候为你指明方向；在你挫败的时候让你坚强的一种思想方式。

在原始意义上，也可指天地信仰与祖先信仰。据现代人类学、考古学的研究成果，人类最原始的两种信仰：一是天地信仰，二是祖先信仰。万物本乎天，人本乎祖，天地与祖先是万物与人类之根本。天地信仰和祖先信仰的产生是源于人类初期对自然界以及祖先的崇拜。

信仰有一种是一个人在读万卷书，或是经过某个生命大劫难后得出的一种源自灵魂深处的彻悟，彻悟之后，内心澄明的他开始变得笃定了，他有了自己坚实的笃信，这笃信不是外界影响给他的，也不是外人强加给他的，而是他阅尽经书，历经磨难后他骨子里生出来的。

信仰在人生长河里，发挥着如航标灯般的作用，她指引生活方向，坚定理想信念，明确奋斗目标。信仰的作用在于解疑释惑以廓清千百年来困扰人们的迷茫，助力人类建立精神家园和形成价值观念。漫漫人生路，社会磨砺了人。信仰的力量锻造出了人类坚实的精神支柱。

周国平指出："唯有人的信仰生活是指向世界整体的。所谓信仰生活，未必要皈依某一种宗教，或信奉某一位神灵。一个人不甘心被世俗生活的浪潮推着走，而总是想为自己的生命确定一个具有恒久价值的目标，他便是一个有信仰生活的人。因为当他这样做时，他实际上对世界整体有所关切，相信它具有一种超越的精神实质，并且努力与这种本质建立联系。"在精神生活的层面上，不存在学科的划分，真善美原是一体，一切努力都体现了同一种永恒的追求。

真正的信仰，核心的东西是一种内在的觉醒。一切伟大的信仰者，不论宗教上归属如何，他们的灵魂是相通的，往往具有某些最基本的共同信念。

在信仰的问题上，真正重要的是要有真诚的态度。所谓真诚，就是要认真，不是无所谓，可有可无，也不是随大流，盲目相信，还要诚实，决不自欺欺人。这样的时代，唯有在这些真诚的寻求着和迷惘者中才能找出真正有信仰的人。判断一个人有没有信仰，唯一的标准是在精神上是否有真诚的态度。

一切外在的信仰只是桥梁和诱饵，其价值就在于把人引向内心，过一种内在的精神生活。一切信仰的核心是对于内在生活的无比看重，把它看得比外在生活还重要得多。这是一个可靠的标准，既把有信仰者和无信仰者区分开来，又把具有不同信仰的真信仰者联结在一起。

信仰的实质在于对精神价值本身的尊重。精神价值本身就是值得尊重的，无须为它找出别的理由来，这个道理对于一个有信仰的人来说是不言自明的。人类的信仰生活永远不可能统一于某一种宗教，而只能统一于对某些最基本价值的广泛尊重。

任何一种信仰倘若不是以人的根本困境为出发点，它作为信仰的资格便是值得怀疑的。有信仰者永远是少数，利益常常借信仰之名交战。一种信仰无非就是人生根本问题的一个现在答案。

信仰，有些人可能认为这很抽象，离自己很远，其实不然。信仰就是对某种"主义和道理"的认识。有了这种认知，就有了做人做事的标准，同时也有了一生的追求。

两千四百年前，苏格拉底信仰：人生的价值在于爱智慧，用理性省察生活尤其是道德生活。因不信神，主张无神论和言论自由，却与当局统治相向而遭受审判，法庭允许免他一死，前提是他必须放弃信奉和宣传这一信仰，被他拒绝了。他说，未经省察的人生不值得一过，活着不如死去。他为自己的信仰放弃了宝贵的生命！告诉世人：真正的信仰是相信人生应该有崇高的追求，是通过独立思考来寻求和确立自己的信仰。

在我们的人生中要始终相信有一种比生命更重要的东西，值得为之活着。甚至面对死亡，也义无反顾，勇往直前，它就是信仰。它像日月星辰一样在我们头顶照耀，我们相信它并且仰望它，它是高于日常生活的。

信仰，是战胜一切艰难险阻的真理武器。是在困难、失败、绝望时的精神支柱，是我们愿意快乐地生活下去的希望和勇气。

信念是指人们对自己的想法观念及其意识行为倾向，强烈的坚定不移的确信与信任。信念就心理过程分类，可以分为信念认知、信念体验与人格倾向几种。

信念从来源上讲是对自我本能本性（无条件反射与条件反射）的意识与唤醒，是个体本能本性中可与其行为志向、兴趣相统一的部分，或者说是个体意识到的有益于实现其行为志向、志趣的部分。信念在意识中会分化为行为态度与行为信心，从而形成士气，或者说是形成个体行为的积极主动性。

信念具有随生共存的统一协调性的三个方面，在认识过程上反映的个体基本的信仰世界观、在感情过程上反映的尊严尊崇心理、在意识过程上反映的个体人格倾向。三个表现成分之间相互协调一致，任何一表现成分的呈现都是其他两个表现成分的表达。

信念是认识事物的基点和评判事物的标准。信念给人的个性倾向性以稳定的形式。信念是强大的精神力量，有了坚定的信念，就能精神振奋、克服困难，甚至生命受到威胁，也不轻易放弃内心信念。

信念是一个人的精神寄托。没有信念的人是空虚的废物，一个人不怕能力不够，就怕失去了前行的力量。拥有信念的人，从某种意义上讲，就是不可战胜的。

当一个人被真正赋予某种信念的那一刻，强烈的自信心加上据此产生的信念，能使人产生奋进的巨大力量。你相信自己能够成为什么样的人，往往会梦想成真，因为成功往往和自信的信念同路。任何时候都不要放弃信念，有信念就有行动的力量，能帮助你战胜任何困难。

信念是一种指导原则和信仰，让我们明白人生的意义和方向。信念取之不尽用之不竭，像一张早已安置好的网，过滤我们能看到的世界。信念亦如我们大脑的指挥中心一样，指挥我们的行动，按照我们的意愿，把握事情的变化。

信念是培养奇迹的土壤。伟大的物理学家霍金，他的一生非常坎坷。在很早的时候，就被诊断帕金森综合征，从四肢僵硬到最后不能开口说话，如果没有坚定的信念，不可能成就为世界杰出的科学家，不可能创造人间的奇迹。信念就是力量，有坚强信念的人，困难、挫折、嘲笑、疾病、衰老都没什么可怕，信念支撑你的行动，助你健步向前，拥有一个意想不到的人生。

我们所要做的事情在很大程度上取决于对它的信念。在一切与一个人本能最起码的需要无关的事情当中，我们的信念就是我们的行为准则。不要害怕生活，坚信生活的确值得去生活，那么你的信念就会有助于创造这个事实。

人生从来没有真正的绝境。无论遭受多少艰辛，无论经历多少苦难，只要一个人的心中还怀着一粒信念的种子，那么总有一天，他就能走出困境，让生命重新开花结果。

马克·吐温说："这种信念的力量是神奇的，它可以使千千万万的老弱信徒和衰弱的年轻人毫不迟疑，毫不怨言地从事那种艰苦不堪的长途跋涉，毫不懊悔地忍受因此而来的痛苦。"人有了坚定的信念，就是不可战胜的。

脑中的梦想，放飞起来；心中的自信，高涨起来；旺盛的斗志，燃烧起来；执着的信念，坚定下去；拼搏的汗水，挥洒起来；精彩的明天，托举起来。

勇闯时代的浪潮，扬起梦想的风帆；不惧前行的风雨，坚定人生的信念；划动拼搏的双桨，迎接灿烂的朝阳；满载勤奋的星辉，驶入成功的彼岸。

胜利在招手，勇敢往前走；胜利一瞬间，靠的是信念；胜利在敲门，大无畏精神；胜利在眼前，为梦想诺言；胜利已实现，心似飞蓝天。

信任是相信对方是诚实、可信赖、正直的。

信任是唯一比爱更美好的情感。很多时候，我们爱一个人，却没有办法一直信任他。我们在世间的存在需要与他人连接，而无论和谁，我们都无法清晰地看见对方全部的思想，关系也总会面对一些黑暗的角落。是信任，给我们信心，让关系突破猜忌，走过阴影。

一旦信任关系真正形成，你会感受到可以用来对抗存在孤独的陪伴感和安全感。从此你是被爱的，是不会被遗弃的。

信任就是在不确定的世界里，我们能够紧握住本质的确定性，从拥有信任开始，我们就获得了深深根植的希望感。信任的发生需要通过考试。只有让你们的关系，经历一些考核信任的情境，信任才会生成。

对一个人是否值得信任，从几个方面予以评估：能力，对方是否有足够的能力，做我们需要他去做的事；善良，对方是不是一个好人，与人为善的人；正直真诚，对方是不是说真话，是不是言而有信，是不是正直；预测性，对方的言行是否具有前后的一致性，你是否能够预测对方对不同情境的反应。为了提升他人对自己的信任，需要在这四个维度上都做出努力。

有些人无法信任他人，根源是无法信任自己。他们不信任自己的价值，不相信自己足够好，总觉得人们不喜欢自己，可能会伤害自己。信任是一种可能失去也可以重建的东西。重建的方式，是重新让对方接受关于信任的考试。

信任意味着，即使在没有充分的事实作为根据的情况下，我们仍然相信对方会继续爱我们、关心我们。研究认为，在亲密关系中体会到的信任感，与人们在宗教中对神的信任感是类似的。当信任发生时，我们对伴侣的信任不再需要任何理由。

如果说爱情让人忧心不安的话，则尊重是令人信任的。一个诚实的人是不会对人不敬的，因为，我们之所以爱一个人，是由于我们认为那个人具有我们所尊重的品质。

信任是夏日清凉的风，冬日里燃烧的炉火；信任是人与人的率真，心与心的坦诚；信任是做人的美德，人生的境界。

一撇一捺是个人。人和人之间要互相依靠，互相支撑，互相信任。如果一撇倒下，一捺也必定倒下，人也就不成为人了。

李嘉诚说："如果取得别人的信任，你就必须做出承诺，一经承诺之后，便要负责到底，即使中途有困难，也要坚守诺言。"除了人格以外，人生最大的损失，莫过于失掉信任。信任是友谊的重要空气，这种空气减少多少，友谊也会相应消失多少。

信任是一种有生命的感觉，信任也是一种高尚的情感，信任更是一种连接人与人之间的纽带。你有义务去信任另一个人，除非你能证实那个人不值得你信任。

信任是人世间不可缺少的重要成分，它与自信很相似，只不过信任是要送给别人，自信则是献给自己。信任亲友是人之天性，而信任他人则是一种美德，在信任的过程中，快乐而全面地认识这个复杂的世界。

不信不立，不诚不行。人无忠信，不可立于世。诚信为人之本。要做真正的知己，就必须互相信任。对自己不信任，还会信任真理吗?!

一个人想取得另外一个人的信任，是一件非常困难的事情，但如果想摧毁他的信任，却是轻而易举。

连自己都不信任，怎么可能信任别人。一个不信任自己的人，怎么能得到别人的信任。

"信任"让生活更美满幸福！

通过分析，我们觉得：

（一）伟大时代需要伟大的民族信仰

真正的信仰，最核心的是一种内在的觉醒，是灵魂对肉身生活的超越以及对普遍精神价值的追寻和彻悟。信仰，真正重要的是要有真诚的态度，是个人的自由选择。

一个有信仰的民族，必须由精神素质优良的个体组成。中国的前途取决于国民整体素质的提高，实现中华民族伟大复兴中国梦必须有全体国民素质的提升。

我们的信仰是实现中华民族伟大复兴的中国梦。这是伟大而又光荣的事业，经过几千年的奋斗不息，中华文明一直没有中断过，它是世界上文明唯一没有中断的民族。近两百年来，因为闭关锁国，夜郎自大，被西方的坚船利炮打开了国门，经济文化科技相对落后，国人饱受欺辱，饱受摧残。在中国共产党的领导下，中华民族走上复兴之路，国家各方面发生了天翻地覆的变化。然而，有一些人贪图享受，贪污腐败，道德败坏，不思进取，金钱至上，安于享乐，精神弱化，价值多元，崇洋媚外等一些现象，虽然是一小部分人，但必须引起我们的高度重视。

伟大复兴需要有伟大精神，需要有伟大的民族信仰，有信仰的民族才是有希望的民族，也才能支撑繁重的伟大的复兴重任。

民族的信仰需要民族每一个人内在精神的觉醒和提升。首先每一个人可以不信神，但不可以不信神圣，起码应该是一个善良、诚实、正直的人；要有敬畏，心目中要有属于做人的根本，不能丧失基本的人格，做人要有自尊和尊严；与世界建立精神关系，这是个人信仰的实质，不被世俗生活的浪潮推着走，为自己的生命确定一个恒久有价值的目标；要有真诚的态度，要认真，不盲目相信，要诚实，不自欺欺人；对于精神价值本身的尊重，这是内心深处的一种感情，人的崇高性之所在；不管从事什么工作，做好自己的事情，精益求精，什么工作都是为社会做贡献，内心获得精神享受；在任何时候，保持一种向上的精神状态，不贪图享受，永往直前，做一个光明磊落的人。

巴金说："每个人应该遵守生之法则，把个人的命运联系在民族的命运上，将个人的生存放在群体的生存里。"人必须为信仰，为祖国，为民族，为时代需要而活着。

每一个国人内心精神充实，强大了，民族的信仰力量将是无穷无尽的，民族的复兴，指日可待。

（二）"信"是为人之根本

信仰、信念、信任对应于生命、生存、生活，它们是互相联系，互相影响，又有区别，一环扣一环，来源于天地人，是人生之法则，人生之根本。

信仰、信念，信任都有一个"信"字。"信"为"人"与"言"的合称，人的言有理有据有落实，人与言一致便是"信"，信应该是我们心的良知，心中的尺度，为人的根本。

"信"，要信天地。道生万物，法道自然。人对天地、对道要感恩，要信，要信天地的存在，信天地的法则、规律。信就要遵循法则、规律，按法则、规律做人办事。

"信"，要信人道。人道就是社会，社会给我们各种生命、生存和生活的条件，不然我们现在还是人吗？人道我们同样要信，要感恩，要学习、研究、传承，创新社会的规则，建设美好的社会生态，重塑理想的新秩序。

"信"，要信人。社会上的人都是兄弟姐妹，因为缘分生活在同一个地球，同一个家园。人与人之间应该相互尊重，相互帮助，相互支持，而不能兵戎相见。

只要有"信"，天地，人间，世界将充满爱。

萧伯纳说："有自信心的人，可以化渺小为伟大，化平庸为神奇。"未来总留着什么给对它抱有信心的人。互相信赖是幸福的根源。信心是命运的主宰。

信为万事之本。

（三）"信"的核心是信自己

信仰、信念、信任都一个"信"字，"信"是为人之根本。"信"，要信天、地、人，但"信"的核心是信自己，否则，其他的信都免谈。

做人做事，要别人信我们，而别人为什么信我们，因为经过考试，认为我们可信，别人就信任我们。

别人的信任，我们必然会有承诺，不管怎样，我们都要千方百计履行承诺。信守诺言，我们的诚信，别人就会信任我们。信任是相互的，关键取决于我们自己。

经常有这样的说法，一诺千金，以身作则，言传不如身教，信为万事之本，讲的都是信的核心，信自己，信仰自己，信念自己，信任自己。多少英雄人物为了自己的信仰、自己的信念，宁肯舍去自己的生命。自己的灵魂、自己的精神、自己的信仰比生命还重要。

在现实生活中，不可能是一帆风顺的，总要遇到挫折和失败。不要因为一次两次的失败就对自己失去了信心。居里夫人、刘翔、爱迪生等都是经受多次的挫折和失败，再次扬起自信的风帆奋力前行，因而取得巨大的成功。

成就事业要有自信，有了自信才能产生勇气、力量和毅力，才能战胜困难达到目标，造就自己的人生，也为社会做出贡献。

爱迪生小时候学习不好。青年时代凭借自信坚持试验发明，他尝试着一千多种试验材料，从中挑出一种最耐用的来制作灯丝，人们都取笑他，但他坚持试验，终于发现了钨丝最适合做灯丝。他发明的灯泡照亮了全世界，爱迪生也成为世界上伟大的发明家。

自信，是一只鼓起的风帆，一股冲天的能量，一团燃烧的烈火，乘风破浪驶向胜利的彼岸。

"信"的核心是信自己，信自己才能成就人生。

五、身心、觉悟与追求

身心，身即身体，心即心理，它要求身体及心理都要健康。身体健康是一切的根本。心理健康则要心理阳光且积极向上，时刻保持好的情绪。

身心合一，就是心理和身体高度的协调。首先，要觉知到你身体的存在，你要能觉知到你的每一个肢体、每一个手指、每一个脚趾、每一个关节；进而觉知到你的每一根经络、每一个细胞和每一个毛孔，并且让它们充满了内在的能量。接着就是通过圆融的方法，将你的内在能量从头到脚全身融为一体，让它们在你体内不断地充盈、膨胀，直至圆融无碍的境界。然后，以意识来指挥你的身体做开合、旋转的各种动作，当感觉动作协调顺畅，就可以加强发力的意识。这样，你的心理和身体都在同步进行那个动作，就是身心合一的方法。

最近，世界卫生组织对身心健康做如下定义："健康不仅仅是没有疾病，而且是身体上、心理上和社会上的完好状态。"即人的健康包括身体健康、心理健康和社会适应能力三个方面。现在，该组织又具体提出了人的身心健康的标准，它们是：快食，吃得津津有味，不挑食；快眠，睡得舒畅；快便，感觉轻松自如；快语，说话流利，表达准确；快行，行动自如、协调、敏捷；良好的个性，性格温柔和顺，言行举止适中；良好的处世技巧，看问题，办事情具有适应性；良好的人际关系，珍惜友情，宽大为怀。

　　人类对身心关系的认识，曾经历了一个"形神结合"到"形神分离"，再到形神辩证统一的肯定—否定—否定之否定过程，即由混沌认识到经验认识，再到科学认识三个发展阶段。身心关系，在体育中则表现为生理与心理关系，其辩证统一关系为：第一，人的生理是心理活动的物质基础，"健全的精神寓于健全的身体"，说明了心对身、心理对生理的依赖关系；第二，人的心理状态对生理的结构、机能具有能动的反作用。中国古代医学理论认为人的情绪对人体健康具有巨大影响。所谓"喜伤心、怒伤肝、忧伤肺、思伤脾、恐伤肾、惊伤胆"。这是心对身，心理对生理具有能动作用的实践证明。在竞技体育比赛中经常出现"两强相遇勇者胜"的结局，也是心理对生理、精神对物质具有反作用的佐证。

　　人的身心发展具有顺序性和阶段性的特点：

　　顺序性，即人身心发展是一个持续不断变化的过程，是一个由低级到高级、简单到复杂、量变到质变的过程，具有顺序性的特征。比如，幼儿是先学走再学跑；小学生是先学加法再学乘法。"先……后……"要强调顺序、方向等。

　　阶段性，不同年龄阶段表现出身心发展不同的总体特征及主要矛盾，面临着不同的发展任务，这是身心发展的阶段性。这是教育者必须选择的教育的内容和方法等。小学阶段的学生还是以具体形象思维为主，教学时应该以比较直观的形式呈现知识点，比如图片、音频、生动的言语描述等。高中阶段的学生主要是抽象逻辑思维为主，教学时较多使用语言讲授。不同阶段，要有相应的针对性。

　　心胸开阔，心地善良，处事泰然，性格开朗。爱劳动，不懒惰，爱活动，不闲着。忘掉过去，珍惜现在，喜爱今天，乐观未来。

　　理想的人是道德、健康、才能三位一体的人。保持身心健康是做人的责任。幸福的首要条件是健康，科学的基础是健康的身体。保持健康，这是对自己的义务，甚至是对社会的责任。徐特立先生说："一个人的身体，绝不是个人的，要把它看作是社会的宝贵财富。凡是有志为社会出力，为国家成大事的青年，一定要十分珍惜自己的身体健康。"

保持健康是做人的责任，是社会的需要。

觉悟，即醒悟明白，由迷惑而明白，由模糊而认清，也是指对道理的认识，进入一种清醒的或有知觉的新的状态。

觉悟就是对事物及其产生和发展的规律的认识和理解程度，一个人觉悟的高低决定了其能动地参与自身及社会活动的方式和方法，从而最终决定其社会活动效率和成果。因此，在一定程度上，我们也可以说觉悟就是态度，就是世界观和方法论。

觉悟也是佛教教义名词，梵文章译为"无上正真道"，"无上正等正觉"。由于人的个体经验积累途径和认识活动等方面存在差异，觉悟也存在个性差异。

觉悟，具体地说，觉者，眼耳鼻舌身意（灵）对外界刺激的一种及时反应；悟者，明白醒来之意。觉悟的意思是说一个人通过视觉、听觉、嗅觉、触觉、灵觉对外界刺激的一种反应，彻底明白了外界刺激的本来特征和意义，从而从迷惑走向了清醒，从迷糊走向了清明，从愚昧无知走向了文明智慧，从死亡走向了永生。觉悟者如禾如稻，蒙昧者如稗如草；觉悟者如光如香，蒙昧者如暗如臭；觉悟者一步一层楼，蒙昧者一步一坎坷；觉悟者是一盏盏明灯，蒙昧者是一团团乱麻。觉悟有层次之分，最低的层次就是明白了人要生存就需要具备吃穿住行的起码条件，最高的层次就是成了佛。所以，觉悟的极致就是佛，或者说佛的含义就是觉悟。觉悟者，就是佛；觉悟者，就是仙。

觉悟的目的，解脱烦恼、永离"苦海"、走出必然王国，直达自由的彼岸。真正的觉悟者是不寂寞不孤独的，若人有寂寞孤独之感，证明他尚未觉悟。如何觉悟？若能修正身心，则真精真神居其中，大才大德出其中，不发大乘心愿，则难明宇宙奥妙，难以觉悟；若能"抱一""守一"，无我无私，全身心敬畏佛祖、敬畏生命、敬畏大自然，走宇宙之道，全身心投入为人类开创"贤不遗野，天下一家"，"道不拾遗，夜不闭户"，万物和谐，风调雨顺，使人人开心、快乐、自由、幸福。

认识到存在的整体性，就是觉悟的开始。

觉悟人生如过客，世间如旅舍，是真正的福报，真正的清凉自在。当一个人真正觉悟的一刻，它放弃追寻外在世界的财富，而开始追寻他内心世界的真正财富。

觉悟有这样的规律，年轻时，外在因素，包括所遇到的人、事情和机会，对他的生活信念和生活道路会发生较大的影响。但是，达到一定年龄以后，外在因素的影响就会大大减弱。那时候，如果他已经形成自己的生活信念，外在因素就很难再使之改变，如果仍未形成，外在因素也就很难再使之形成了。

人生的觉悟是个大问题。一个人必须思考并且拥有自己的生活信念和生活准则，从而对生活中的小问题做出正确的判断，生活就会觉得自如、顺心、幸福。正如航海者根据天上的星座来辨别和确定航向，否则就会迷失方向，不能解决具体的航行任务。这也清楚说明觉悟对于人生多么的重要。

觉悟要求拥有自己明确的、坚定的价值观，这是一个基本的要求。当然，觉悟的形成需要学习、思考、选择和坚持的过程，并且始终是一个动态的过程。然而，价值观完全不是抽象的东西，而是具体、真实的，当你从珍惜和坚持的追求过程中，会感到莫大的幸福。人活在世上总有一个价值观，价值观决定人生的境界。对于国家来说，价值观决定文明的程度。

人进入中年的时候，有了一定的觉悟，应该确立起生活的基本信念了。所谓生活信念，就是做人的原则，做事的方向，也就是说自己今后的人生要做怎样的人，想做怎样的事。正如孔子所说："三十而立。""三十"不是硬指标。"立"，人才真正成了自己人生的主人。

觉悟和习惯有密切的关系。人长期在熟悉的地方工作和生活，人、事业都十分熟悉，容易被环境同化，成为环境的一部分，生命失去落差，终成死水一潭。告别你所熟悉的环境，到陌生的地方去，从事陌生的事业，从零开始，重新开创一种生活。这是改变不作为的旧习惯，重新焕发活力，唤起心灵的年轻，开创新天地，这其实是人生的新的觉悟，更是寻找人生的真正意义。

生活中没有旁观者的席位，我们总能找到自己的位置，自己的光源，自己的声音，这就是觉悟。我们有美的胸襟，才活得坦然；活得坦然，生活才给我们快乐的体验。

觉悟就是这样，每一步都要踏实平稳，才能走向成功的康庄大道。如果你想成功，就要尽心尽力，走好每一步，你的梦想就一定不会落空。每个人找到自己合适的位置，把精力放在最重要的地方，认真做好自己的事，全力以赴，定能取得满意的效果。

花一样的你，花一样的我，花一样的年华，花一样的世界，花一样的未来。不要再虚度光阴，不要再碌碌无为，该醒醒吧，该觉悟了。经常同自己谈话吧，你会更了解自己，你会过得更充实，你会更真心地爱这个美好的世界。

生命短暂，觉悟为要。人生孤单，觉悟同行。

追求，都渴望成功，然而，还有比成功更珍贵的东西，这就是追求本身。如果说成功是青春的一个梦，那么，追求即是青春本身，是一个人心灵年轻的最好的证明。谁追求不止，谁就青春常在。一个人的青春是在他不再追求的那一天结束的。

一个人唯有用自己的灵魂去追求，用自己的头脑去思考，在对世界的看法和对人生的态度上自己做主，才是真正做了自己的主人。灵魂不安于肉身生活的限制，寻求超越，这追求本身已经让他和肉身生活保持了距离。这个距离便是他的自由，他的收获。

在精神领域的追求中，不论什么成功，都不是主要的目标。应该说，目标即寓于过程之中，对精神价值的追求本身成了生存方式，这种追求愈执着，就愈是超越了所谓成败。如果一定要论成败，一个伟大的失败者岂不比一个渺小的成功者更有权威被视为成功者。"鹰永远飞得比鸡高。"

追求，就是用积极的行动来争取达到某种目的。人活着必须要有追求，如果没有追求，没有理想，没有目标，将会迷失自己，会活得很空虚，很迷茫，不知道自己为了什么而活着。我们必须清楚地知道自己要什么东西。

我们要的是幸福。幸福是什么，它没有具体的概念，也许是一种感觉，也许是精神，也许是物质，在社会生活，两者都不可少。但是，精神上的富有，显得更加重要。精神的力量是无穷的，意念是神奇的，只有精神富有，才会有更高层次的追求。人要有物质的追求，生活的质量才有保障，但不可以为物质所迷惑，物质的背后是对理想的执着。我们只有追求自己的梦想，完成自己的使命，人生才有意义。

做一个有修养有品位的人，活得洒脱点，人生时刻面临着困难和挑战，敢于勇于面对生活波涛的人才是真正的强者。时刻准备着，为美好的生活而努力，为我们深爱的和深爱着我们的人好好活着。努力学习是在追求，帮助他人是在追求，争取人缘是在追求。有的是在追求事业，有的是在追求高尚的品格，有的是在追求远大的理想。追求，会演绎出许多大大小小的感人故事；追求，会碰撞出五光十色的理想火花。

人生的最高目标和最大追求，就是去追逐与实现自己的梦想。

首先，是要弄清楚什么是你想要的幸福和快乐。然而，就是要明确，我们应该怎样去获得这种幸福和快乐，以及人们普遍关心的是更加注重人生的过程呢？还是追求的最终结果呢？这些问题弄清楚了，你才能毫不犹豫地、轻轻松松地、快快乐乐地走好人生的全过程。当然，这个千年之问，各人自有自己的答案。幸福与快乐的元素，实在是太多太多，任何人也不能穷其所有。所以，我们只能追求一种自己满意并且喜欢的生活状态，只要能在这种状态中生活，就会感到幸福和快乐。

精神富足、物质满足的人生，是幸福和快乐的人生，如何保持这种状态，即"追求常乐"。"追求"，意味着无论多么的富有，都不能满足，应该不断地努力工作和学习，不断提高精神品位，只要活着，就需要工作、需要学习、需要修炼，因为快乐就在其中。"常乐"，则追求经常快乐，同时不管什么情况，接受自己，接受现实，向命运挑战。在这挑战命运的过程中，欣赏自己，享受生活，只要百折不挠，将始终处于幸福和快乐状态。

在艰难中创业，在万马齐喑时呐喊，在时代舞台上叱咤风云，这是一种追求；在淡泊中坚持，在天下沸沸扬扬时沉默，在名利场外自甘于寂寞和清贫，这也是一种追求。追求未必总是显示进取的姿态。被失败阻止的追求是一种软弱的追求，它暴露了力量的有限。被成功阻止的追求是一种浅薄的追求，它证明了目标的有限。

罗兰说："我们要追求那真实的功业，要追求对宇宙人生更深远的了解；要追求永远超过狭小生活圈子之外的更有用的东西。"对于真理和知识的追求并为之奋斗，是人的最高品质之一。占有本身不能带来幸福，只有在不断追求中才会感到持久的幸福和满足。

通过分析，我们认为：

（一）身心健康是人生行走于社会的最基本的条件

身心健康，就是身体和心理都要健康。保持身心健康是做人的责任，是社会的需要。

关于身心健康，世界卫生组织有了定义并提出了具体的标准，这可以作为生活的准则及自觉遵循的要求，平时的日常生活多加注意。

有关身心健康，应该要有清醒的认识，身体是人生一切的根本。没有健康的身体，人生寸步难行，无法自己照顾好自己，更难于谈得上为社会做任何事情。"身体是一切的本钱"，身体健康了，可以管理好自己的生活，同时可以为社会做事，身体同时是社会的。正如待特立先生所说的，一个人的身体，绝不是个人的，要把它看作是社会的宝贵财富。

有了健康的身体，还必须心理健康，有良好的精神状态。一个人一辈子要做许多事，其造成的社会效果千差万别，这本身有能力大小的问题，还有你从事的工作有没有意义，或者意义大小；你的工作有没有尽力，自己有没有发挥出最大的效力；还有你进行的工作，有没有适合，有没有兴趣，这些问题都可能造成你工作的社会效果不尽如人意。另外，你在从事承担工作的时候，是否认为是负担，是压力，工作顺心不顺心。所有这些问题，从某种意义上说，就反映了你的心理素质情况，心理素质的高低，直接关系到你工作的社会效果和自己的感受，这不容忽视。

心理素质培养是多方面的，有遗传因素、家庭因素、学校教育因素、社会因素、自己的因素，但最重要的、最根本的、影响最大的因素是自己的因素。所有外来因素都要经过自己的内在因素，内在心理的取舍、比较、融合作为心理确定的因素、确定的心理定式，而作为我们继续行动的新的起点。所以说，内在因素、内在心理起关键性、根本性的作用。

心理素质的提高，也是多方面，但关键是自己要觉悟。自己要认识自己，自己要信任自己，自己要看重自己，自己认为可以做得最好，并通过多方面的学习，自己比较鉴别，提高分析、解决问题的能力，自己觉悟了，并且持之以恒，永不言败，实际上你的心理素质就在不断调高。这样，你的人生将继续扬帆起航，将顺利平稳达到理想的彼岸。

（二）觉悟是身心行程的"启搏器"

身心行程也即人生旅程，漫长而又充满变数。人生的路也各有千秋，不尽相同。

人在年轻的时候，外在因素对人的心理因素，对人的生活信念和生活道路会发生较大的影响，因为身心发展还未定型。但是，达到一定年龄以后，外在因素的影响就会大大减弱，已经形成的生活信念，外在因素难以使之改变，因为身心发展已经减弱，这是上面的分析。如果已经形成的生活信念和生活道路与社会不相适应，不相合拍，或者有违社会道德，或者封闭没有开放交流，或者没有发展前景，等等，怎么办？一条路，靠觉悟。

觉悟要求拥有明确的、坚定的价值观。觉悟的形成需要学习、思考、选择和坚持的过程，并且是一个始终的动态过程。人生到一定的年龄以后，要靠心理因素大胆突破，潜心学习各种先进的理念模式；思考社会的发展趋势、自己的情况，理出适合自己的发展道路和模式；采取果断的措施，走自己的路，突破原来的思维定式，不管别人怎样评价，怎样议论，坚持就是胜利。这就是真正的觉悟。

人生需要不停地奋斗。一个不懂得奋斗的人，注定成不了大事，过着浑浑噩噩行尸走肉般的生活，就如失去了灵魂后仅存的空空如也的躯壳，机械地重复着每天的生活，失去了生命的意义和价值。所以，为了不碌碌终生，我们需要奋斗终生。

人生漫长的路，可能这个决定是正确的，效果是明显的，人的心理也一时得到安慰和满足。然而一个阶段以后，外面的情况和自己的情况又发生了变化，自己的生活准则和行为可能又是相对落后了，这时候，还是要请"觉悟"先生出来，出出主意，再走出一条路，创出新的辉煌。

人生就是这样在不断向上爬坡发展着，社会也是一样。人生的路其实是"心路"，身心行程不能停，觉悟是"启搏器"。

（三）追求是身心行程完满的必要条件

身心行程之路达到完满，必须靠觉悟的不断启动。觉悟生长的理想之花，坚定不移的追求并为之顽强拼搏奋斗，在不断的追求中享受幸福和满足，这也是人生之路的完满。

追求的目标和内容各种各样，追求的目标应根据各人的具体情况，结合社会的现状和发展趋势，比较、分析、选择适合于自己的发展目标和内容。目标和内容确定以后，集中可能的条件，全力以赴，向目标努力，并根据过程中出现的问题再调整具体的计划和目标，持之以恒，必见成效。

人活着，必须要有追求，如果没有追求，没有目标，人会觉得空虚、迷惘。但追求的目标一定要适合自己的情况，要特别注意精神方面的作用，充分发挥自己的主观能动性。精神的力量是无穷无尽的，精神可以创造人间奇迹，同时它本身是一种精神上的享受，精神的富足，这是金钱买不到的。

人生的路很漫长，只有我们执着地追求人生的理想，身心的行程才会完满，人也才会觉得生活的意义。

人生的意义在于有所追求，人生的目标在于不断追求，人生的价值在于奉献。弯路是一种追求的过程，而不是死板的弯路。圣哲孔子就提出：人要通权达变。只有变化才能进步。所以走弯路是磨炼自我，重塑自我的方法。

一个人只要强烈地坚持不懈地追求，就能达到目的。丁玲说："人，只要有一种信念，有所追求，什么艰苦都能忍受，什么环境也都能适应。"对真理的追求比对真理的占有更为可贵。社会的文明进步就是人类对美的追求的结晶。

人生的意义是追求，生命就是追求。

六、自立、自修与自强

　　自立是不依赖别人，依靠自己的努力做事的精神品质。实际上自立是一种自我生存的意识和能力，自立包括自立意识和自理能力，两者是互相影响、互相促进的，也是现代人追求的心理品质。一个人具有自立的意识和能力，不仅对社会有好处，而且对自身的发展也很有好处。人有了自立的意识和能力，便比较容易适应社会，把握机遇，发展自身。

　　自立是一种价值取向。自立作为一种价值取向，它是人的主体性的体现，具体表现为人的独立人格、人的自由精神、人的进取精神、人的创新精神四个方面。

　　自立是一种人格特征。自立人格，需要有强自觉性和强自制性的意志品质；有理智型的情感特征；有独立、自尊自强的性格特征；有不依赖于自然和社会的特定的心理品质。

　　自立是一种生存方式。这种生存方式，是不断创新自我的生存方式。要想自立，必须创新自我，即不断地学习、学习再学习，有不达目的决不罢休的精神，以及从今天开始、从小事做起的果断精神。

　　自立，就是自己的事情自己做。自立意味着要独立的安排自己的生活，意味着要离开父母和老师的庇护，自主地处理学习、生活中遇到的难题，意味着要靠自己的双手去开创属于自己的事业，创造多彩的生活。所以，自立是一种人生观，是一种良好的学习、生活习惯，也是一种积极的生活态度。自立自强，方能悦亲。作为子女，努力学习，掌握知识，练就本领，加强自身的品德修养，做到自立自强，就是对家人最大的精神安慰。家庭生活中可能会出现一些事情，如父母在工作中遇到了难题，长辈突然生病，家里收入减少等，面对这些事情，一声关心的问候，一句贴心的劝慰，一杯暖心的热水，都是对家人的支持，就是在为家庭做贡献，也就是自立。

自立不要在心理上对任何人有依赖，包括父母、老师。遇到麻烦事或不幸的事，第一想法应该是考虑自己如何处理，而不是立刻想到别人。

家长必须有意识地培养孩子的自立能力，才能让孩子尽早成为独立自强、身心健康的人。动物会在孩子长大后把它们从身边赶走，逼迫孩子学会独立生存的能力。

建立正确的自立意识，必须做好：

首先，树立正确的自我观念。建立正确的自我价值观念，尤其要学习社会主义的核心价值观，这是最基本的，也是自我价值观念建立的核心原则。

其次，进行自我评价。正确的自我评价是建立正确的自我意识的前提和基础，只有进行正确的自我批评和自我理解，正确地认识自我，才能在此基础上建立正确的自我意识。自我评价能更好地认识本我，为自我意识的提升和建立提供正确的前提和基础。

最后，丰富自我体验。自我体验更多地注重于自己的情感和感情控制，是以自爱、自尊、自信为前提的。

另外，良好的自我调控。需要从正确的理想、丰富的学识、完备的性格、极高的自我监督，以及极高的自我评价意识进行自我调控。使自己自觉、自立、自主、自制、自强、自信、自省、自律。

让孩子从小养成自己的事情自己做的习惯。做错了，帮他纠正，再来一次，多多鼓励。以后孩子自己就有勇气自己做事情了，经常这样，也就习惯了，就"立"起来了。

人要自立。人应该有自尊心、自信心、独立性。人自立，有一种信念，有所追求，什么苦难都能忍受，什么环境也都能适应。

康有为曾说："人不自立，则唯有无耻而已。"

自修，修养自己的德行，也指自学、自习。

十年树木，百年树人。人的成长和树一样，都是从最早的幼苗开始的，正所谓"合抱之木，生于毫末"。但是人的成长和树的成长又有本质的不同，是什么不同呢？就是"人靠自修，树靠人修"。

树从幼苗开始，最后长成参天大树，这其中需要的是他人的帮助。比如说养树人来给树木施肥、除虫、浇水，修剪多余的枝叶，等等。如果养树人什么都不做，这树也可能长大，但是绝不会是一棵健康的、优美的、高壮的树，因为树的成长要靠别人的帮助。

树要人修，人靠自修。人的成长很大程度上靠的是自修，也就是自我学习、自我完善。一个人从幼儿园开始学习，历经小学、中学和大学时代，学生生涯就此结束，那么学到的知识就足以支持他们在社会上发展吗？

当然不是，或者可以说，完成了学校教育，只是一个人一生中的万里长征走完了第一步。如果他们就此止住学习的步伐，那么很遗憾，这个人的人生未来将会悲催。因为大量的社会知识、人生知识、实践知识，是没有办法通过课堂学习到的。

课堂的知识，只是入门知识、基础知识或者理论知识，而之后的很多知识需要自己在生活实践中慢慢学习、摸索和积累。这就是所谓的"人靠自修"，一个没有自我学习精神的人，永远成不了才。当有一天自己走上了社会，外部的监督力，特别是父母、老师的直接约束少了，只能靠自己，只能靠自律，一个自律的人是会强大到令人难以想象的。

人不同于树，人是一种有意识的高等动物，在人的潜意识中，发展自己是人的本能且深藏于潜意识中，发展必须充实自己、武装自己，提高自己的各方面能力。要提高能力需要靠修炼、磨炼自己，靠自己的努力。

为了修养自己的德行，必须注意几方面工作：

首先，反躬自省。靠自己的自省达到道德的完善，不依赖别人。"吾日三省吾身"。每天反省自己，为别人做事是否尽心？与别人交往是否有不讲信用的地方？是否有说假话？强调高度自觉，严于律己，这是一种最普遍的自我修养办法。

其次，存心养性。人的本性中固有恻隐之心、弘善之心、辞让之心、是非之心，要保存，保持一切好的善端，不被外物诱惑而迷失。并且在日常生活中，在实践中发挥、坚持善端，形成自己养性的习惯。

最后，主敬重学。时时刻刻收敛身心，"三人行，必有我师"，重视道德知识学习，身体力行。

另外，注重小事。公民的道德素养、文明水准是整个民族素质的体现。在社会主义和谐社会的建设中，要从小事做起，从点滴入手，确立科学文明的生活方式，长期坚持，本人的道德素养将会得到提升。

要使自己成为有修养的人，必须具备三个方面品质：渊博的知识、思维的习惯和高尚的情操。把全部的力量用于努力改善自身，而不能浪费在任何别的事情上。

朱熹说："《大学》之修身、齐家、治国、平天下，基本只是正心、诚意而已。"没有修身，谈何齐家、治国、平天下？！

心的陶冶、心的修养和修炼是潜美的发现和体验。修行要重在修心，借事炼心、随处养心。欲修其身者，先正其心，欲正其心者，先诚其意。

自强，指修身自立，自己努力，自我勉励，不断提升和完善自我。

自强是一种精神，是一种美好的品德，是一个人活出尊严、活出人生价值的必备品质；是一个人健康成长，努力学习，成就事业的强大动力。自强是在自立、自修的基础上充分认识自己的有利因素，积极进取，努力向上，不甘落后，勇于克服困难，做生活的强者。树立自强的目标有助于克服意志消沉、性格软弱，从而振奋精神，担负起时代赋予的重任。

自强的表现：努力向上，对美好未来无限憧憬和不懈追求；奋发进取，狂风暴雨袭来也傲然挺拔；脚踏实地，百折不挠，一步一个脚印地向着崇高的理想迈进；对困难蔑视，对挫折无谓，对成功充满渴望和向往。自强是在命运之风暴中奋斗的汲汲动力，是在残酷现实中拼搏的中流砥柱；自强是"有志者，事竟成，破釜沉舟，百二秦关终归楚"的凌云壮志，是"苦心人，天不负，卧薪尝胆，三千越甲可吞吴"的英雄气概；自强是滴自己的汗，吃自己的饭，自己的事情自己干，勇往直前的勇气和魄力；自强是"看成败，人生豪迈，只不过是从头再来"的决心，是振作精神，下定决心，排除万难的信念；自强是一种困难压不倒，厄运不低头，危险无所惧的亮丽操守。人生立身须自强，自强不息，乃幸运之母。

自强包括自尊、自立、自信和自胜四个方面的意思。自尊，就是自重，就是尊重自己的人格。同时，任何时候，以国家和人民的利益为重，以身作则，言行一致，以自己的道德人格来影响他人，造福社会。自立，就是依靠自己的力量，生活上要自律，事业上也要自立。"自力更生"，就要依靠自己的力量，改变原来的状况。别人的帮助，这个外因，必须依靠自立的内在素质为我所用。自信，就是坚信自己的能力，依靠自己的力量能够获得事业的成功。"我能行"，美国总统罗斯福曾说过："除非你默许，否则没有人能将你当作是下等人。"自信能产生强大的力量，自胜就是克制自己，战胜自己。养成自强品质，铸就自强精神！让自强永远成为我们前进的动力。

只要有生命的愿望和对自身力量的自信，那么整个人生将会立起来，将会是一座丰碑，一股洋溢着精神力量，自修自励，自强不息，终以其崇高的业绩使人震惊。

自立自强，立于天地。自立自强，自修不止。自立自强，勇往直前。自立自强，成就人生。

通过分析，我们觉得：

（一）自立、自修、自强都有一个"自"字，自己是人生的核心和
　　　关键

自立、自修、自强对于人生的意义及其作用都是前人的经验总结，人生的体悟，智慧的结晶，有多少人从这走向成功的人生之巅，创造了人生的丰碑，为社会做出了楷模。然而自立、自修、自强都有一个"自"字，说明人生的成功没有自己的觉悟，自己的奋斗，自己的努力是不可能成功的。

人生长在世界上，个人所处的生活环境千差万别，经济条件、家庭情况差异很大。家庭富裕，经济条件好的，成才对社会做出很大贡献的人很多。家庭经济条件差，温饱未解决，然而成才对社会做出很大贡献的人也很多。但不管怎样，其成才者都是靠自己的努力，靠自立、自修、自强走出了自己的成功之路。

古今中外，上了学进入高等学府，成才成就了自己，贡献社会的人很多。从未进过校门，靠自学成才成就自己，贡献了社会的人也很多。但不管怎样，其成才还是靠自己的不断努力，坚持不懈，意志坚定，凭着自立、自修、自强走出了自己的成功之路。

不管哪个朝代，生活在城市的人成为社会栋梁，为社会做出贡献的人很多。而生活在农村、边远小镇、海边的村庄，或者深山密林里的人成才也不少，他们书写了辉煌的人生，对社会也做出了不少的贡献。但不管怎样，还是靠自己的努力奋斗，靠自立、自修、自强走出了自己的成功之路。

不管什么时代、怎样的条件，怎样的环境，一切外因都必然反映、作用到自己这个内因，靠自己的觉悟、素质和意志，从而内在精神变为外在的对工作、对事物的处理，表现不同的社会效果和心理感受。所以自立、自修、自强都有一个"自"字，"自"字就是把外在的变为内在的，并和自己内在的东西融合转化为思想意识，形成内在对外的张力。这就是我们做人做事的态度、能力、耐心及其作用的效果。

（二）自立、自修与自强是互为辩证的关系

我们通常说，一分为二，合二为一，这是哲学的一种辩证观点。其实，一分为多，一分为三，合三为一，合多为一，也同样是哲学的一种辩证观点。

一个人从精神层面的某一点看，要成才必须自立、自修、自强，这叫一分为三，合三为一。分是必然的，合是相对的，合的其中各自的比例不同，发展方向就有所不同，所表现的合的结果就会有差异。人生的社会效果不同，就是合的元素比例的不同及其结合方式的不同，合表现的社会效果也就不同。

自立、自修、自强各自的概念、实质及其作用不同，上面已做了分析。然而他们互为辩证，每两个词组成一个矛盾，作用于不同的方向，从而从不同的角度对人生整体起着不同作用。

自立、自修、自强。先是立起来，再去修，提高能力，不断奋斗，才可能强；如果要强，先立起来，再行修，修炼好了自己，才能强起来；因为要修，修炼什么，要以立为基础，为导向，才能为强做铺垫，达到强的作用。它们是一环扣一环，相互联系，相互影响，共同促进，共同提高，互为辩证，最后成就人生。

（三）张海迪典范给予我们的启示

张海迪，山东省文登人，1955 年 9 月在济南出生，中国著名残疾人作者，哲学硕士，英国约克大学荣誉博士。

张海迪小时候因患血管瘤导致高位截瘫。从那时起，张海迪开始了她独特的人生。15 岁时，跟随父母下放山东莘县，给孩子当起老师。她还自学针灸医术，为乡亲们无偿治疗。后来，她还当过无线电修理工。她虽然没有机会走进校园，却发奋学习，学完了小学、中学的全部课程，自学了大学英语、日语、德语以及世界语，并攻读了大学和硕士研究生的课程。

　　1983 年张海迪开始从事文学创作，先后翻译了数十万字的英语小说，编著了《生命的追问》《轮椅上的梦》等书籍。2002 年，一部长达 30 万字的长篇小说《绝顶》问世。《绝顶》被中宣部和原国家新闻出版署列为向"十六大"献礼重点图书并连获"全国第三届奋发文明进步图书奖"、"首届中国出版集团图书奖"、"第八届中国青年优秀读物奖"、"第二届中国女性文学奖"和"五个一工程"图书奖。1983 年，《中国青年报》发表《是颗流星，就要把光留在人间》，张海迪名噪中华，获得两个美誉，"八十年代新雷锋""当代保尔"。从 1983 年以后，张海迪创作和翻译的作品超过 100 万字。邓小平亲笔题词"学习张海迪，做有理想、有道德、有文化、守纪律的共产主义新人！"

　　张海迪的苦是难以想象的，病魔的折磨是常人难以忍受的，但她以顽强的意志，惊人的毅力，不懈地追求，学习、创作，为人民服务，创造了人间奇迹，成为世人的楷模，学习的榜样，人生的典范，可敬可赞。

　　关键我们要学习张海迪什么？学习她那种自立、自修、自强的精神，一切以自己为基点，一切依靠自己，一切靠自己努力，一切靠自己去完成，我就是最好，我要做最好，我能做最好。

　　学习张海迪，从我做起，从现在做起。自立、自修、自强，完善自我，成就自我，奉献时代，奉献社会，奉献人民。

七、价值、意义与选择

价值是指一事物对主体（人）的积极意义，即一事物所具有的能够满足主体需要的功能与属性。

价值是具体事物具有的一般规定、本质和性能。人和具体事物、主体和客体、事情和事情、运动和运动、物体和物体的相互作用、相互影响、相互联系、相互统一是价值的存在和表现形式。

价值的哲学定义：价值是具体事物的组成部分，是人脑把世界万物分成有用和有害两大类。是世界万物普遍具有的相互作用、相互联系的性质和能力，是每个具体事物都具有的普遍性规定和本质。

马克思主义哲学关于价值的定义：价值是揭示外部世界对于满足人的需要的意义关系的范畴，是指具有特定属性的客体对于主体需要的意义。

对于人类来说，世界是对人类的生存发展具有意义和价值的事物、现象、矛盾、问题组成的统一体，世界是有价值的世界，万物是有价值的万物。

价值是正价值和负价值组成的对立统一体。例如，煤炭和石油对于人类的生存和发展具有正面的和负面的意义及价值。大量的开发利用，加快经济发展，提高人们的生活水平，但是同时增加了二氧化碳的排放，造成温室效应，破坏生态环境，损害了人长远生存和发展的根本利益。

价值判断是每个人口常生活中发生频率最高的认识思维活动，是我们对刺激和影响感官的各种事情或物体是否产生兴趣，是否进行进一步的认识和思维，是否采取人体行为加以处置的前提条件。

价值是知识的内在规定和组成部分。价值是知识所具有的属性和能力。任何知识对人类的生存和发展都具有意义及价值。

价值是社会意识具有的属性和能力，是社会意识的组成部分。任何社会意识都具有指导人在社会中如何生活和行为的意义及价值。

价值观即关于人对于世界或具体事物具有的价值性质和能力的观点。价值观对人的行为具有导向作用，是人类社会生活和行为的指南针。人在社会生活中对各种事物、现象采取什么态度，做出什么反应都是以人对该事物的价值判断为基础的。

价值的外延是很广泛的，包括房子、车子、面包、爱情、幸福、理想、科学、信仰、知识，等等。

事物的价值，等于由它构成的、产生的、创造的，有利于促进与实现人类个体、群体、整体与自然万物和谐发展的客观实际。这个价值的基本内涵，是和谐价值观的基本观点。

人的生存价值，等于他为促进与实现人类个体、群体、整体与自然万物的和谐发展，或者说等于他为多少人的生存发展，创造与提供了多少有利的条件这一客观实际。巨人或伟人，是为最大多数人的生存发展，创造与提供有利条件最多的那些人。人死了就不能继续创造价值，但是，死的本身也在构成和产生某种价值，所以才有"为人民的利益而死比泰山还重"的说法。

价值具有社会性或者主体性，具有绝对性与相对性、客观性与主观性相统一这样一些特点和属性。

一个人的特色就是他存在的价值，不要勉强自己去学别人，而要发挥自己的特长。这样不但自己觉得快乐，对社会人群也更容易有真正的贡献。我们的价值，无论是道德方面，还是智慧方面，都不是完全由外部得来，而是出自自己深藏着的自我本性。

人的生命是有限的，历史的发展是无限的过程，如能把一点力量贡献给这一无限的发展过程，这种贡献是永恒的，这就是人生的价值。

人生的价值就是解决人为什么活着、为谁活着这样一个根本问题。人区别于动物的重要一点，就在于人的活动是自觉的、有目的的。人生的价值是人生观的核心，它决定了人生的根本方向、根本态度和行为目的，对一个人一生的实践活动具有重要意义。

价值观是由世界观、人生观决定的关于价值的基本观念，是人在对人生和社会实践活动中进行的认识和评价所持的基本观点，其核心是关于人怎样活着才有意义的基本观点。

人生价值是指人生对于满足社会、他人和自身需要具有的意义。它是人生观的重要方面，也是价值观的重要内容。人生的价值包括人生的社会价值和自我价值两个方面。我们要树立科学的人生观、价值观，就必须端正人生坐标，保持积极向上、乐观开朗的人生态度。

人生的价值由自己决定。

意义是人对自然或社会事务的认识，亦是人给各种事物赋予的含义，也是人类以符号形式传递和交流的精神内容。人类在传播活动中交流的一切精神内容（包括意向、意思、意图、认识、观念，等等）都包括在意义的范围之中。

有意义就在于有价值。在价值的层面，意义则内在于人化的存在之中，并以观念形态的意义世界和现实形态的意义世界为主要的表现形式。

个人生存意义的解决，就得寻求个人与某种超越个人的整体之间的统一，寻找大我与小我、无限与有限的统一，无论怎样的人生哲学都不能例外。区别只是，那个用来赋予人生存以意义的整体是不同的。例如，它可以是自然、社会、神。否则，就会走向悲观主义。

生命的意义，不在意义本身，而在寻求，意义就寓于寻求的过程之中。人活一世，终点是死，死总不该是人生的目的。人生本无目的，只是过程，所以人生意义就在过程当中。

　　在具体的人生中，应该怎样生活？每一个人对于意义问题的真实答案更多的是来自他的生活实践，具有事实的单纯性，很少来自他的理论思考。具体地说，满足于自己此刻还活着，对于今天和明天的时光做些实际的安排。目的只是手段，过程才是目的。对于过程不感兴趣的人，是不会有生存的乐趣的。

　　人生很短暂，与地球和太阳这些宇宙间的天体动辄数十亿年的寿命相比，人生不过是极其短暂的一瞬！而且人类在宇宙中又是如此的渺小，渺小的难以形容！人生其实本无意义，实际上，生命不过是物质存在的另一种形式罢了，星球上没有了人和生命，星球都照样转，人不过是宇宙间的匆匆过客，来世上走上一回，人生能有什么意义？但人的出生与否又不是自己所能决定的事，你既然来到这个世界上，就要努力让自己做一个对社会有用的人，因为人生的价值就在于奉献，当你发现别人都需要你的时候，你自然就会感觉由衷的幸福快乐和满足；就会感觉自己没有白白地在这个世界上走一遭。这就是所谓的人生价值和意义。其实，一个人不仅仅是为自己活着，还要为自己的家人、朋友、社会上的人而活，这就是人生真正的意义。

　　人生真正的意义不在人生的舞台上，而在我们今天扮演的角色中。过去的经历再光彩，也是一束凋谢的花朵，今天的生活虽平凡，却是一把充满生命力的种子。

　　人生之晨是工作，人生之午是评议，人生之夜是祈祷。人生只要知道负责任的苦处，生活就会体验尽责的乐处。人生的路不能全由自己来安排，但人生的路全靠自己一步一步地去走。人生的旅途酸甜苦辣、百味具有，自己亲自尝过，就体味了人生的意义。

　　关于人生的意义问题是一个永恒的哲学命题。有人说人生的意义是享乐、有人说是财富、有人说是成功、有人说是奉献、有人说是权力、有人说是快乐、有人说是责任，甚至有人说"神马都是浮云"。其实，人生的意义和目的，只是"浮云"。人生的意义和目的只是一种态度，一种生活的态度。你以什么样的态度对待你的人生，你的人生就具备什么样的意义和目的。所以不同的人对人生拥有不同的态度，也就存在不同的意义和目的。不要纠结于追求人生的意义，以积极的态度对待你的人生，对待你的当下，这是人生真正的意义。

生命的意义在于付出，在于给予，而不是在于接受，也不是在于争取。人生意义的大小，不在乎外界的变迁，而在乎内心的经验。

要探索人生的意义，体会生命的价值，就必须去经历生与死，安与危、乐与苦，它常常是检验人生价值的尺度。人生的意义，应当看他贡献了什么，而不应当看他取得什么。

爱因斯坦说过："我们一来到世间，社会就会在我们面前竖起了一个巨大的问号，你怎样度过自己的一生？我从来不把安逸和享乐看作是生活目的本身。"人生最有意义的，就是在你停止生存时，也还能以你所创造的一切为人民服务。

生活的意义在于美好，在于向往目标的力量。征途的每一瞬间都具有崇高的目的。当我们告别人生的时候，在时间的沙滩上留下自己的脚印。

人是寻求意义的动物。人生的意义比生命重要。

选择指在一系列不确定的对象中来进行确定，而对于已经确定下来的则没有选择的余地。

人生是由一连串的选择与决定所积累而成，每个看起来微不足道的小选择，都在决定我们自己的未来。只要仔细回顾过去，就会发现过去总是息息相关的，我们会成为什么样的人从来不是一瞬间的事，而是不断日积月累选择的结果。

我们遇到的情况，都是过去选择的结果，换句话说，人生的道路都是自己的选择。你的工作是你的选择、你的感情是你的选择、你的友谊是你的选择，人的人生好坏也是你选择的结果。方向永远比努力重要，谨慎选择你人生的道路。你选择什么，付出什么，就得到什么。

人生的价值和意义在于个人的选择之中。人生的道路各不相同，人生的境界各有千秋。你究竟要选择哪条道路？你将走向哪种境界？这是人往何处去的实质所在。

选择从理论上分析，它从自然历史过程、社会历史过程以及人的历史过程来阐述选择的历史地位和作用，并且上升为一种主宰力量。自然历史千百万年的演化过程孕育了人类，使人类自身达到了一个更高级的历史阶段。在漫长的自然历史过程、社会历史过程和人的历史过程中，选择始终处于主宰地位和最高境界。

选择意味着在多种事物中挑选一种事物。于是，对于选择，就是对于事物进行区分。所谓区分，就是划分事物之间的边界，确定每个事物自身的本性，并进行比较。比较事物之间的同一性和差异性，差异还分出高低、好坏的序列。根据这些分析判断，选择最好的并且适合自己的事物。这就是选择的过程。

哲学意义上的选择，是自由意志选择。有一句经典的话："一切都是选择，即使你不选择，也是因为你选择了不选择！"你不选择就是选择了不选择，不选择也是选择。

选择就是给自己定位；选择就是给自己寻找前进的方向；选择就是为自己把握人生命运；选择就是为自己的生命重新注入激情，选择就是实现自己人生的目标。人生有无限多个解。人生是不能被理性穷尽的一个无理数。每个人因为站在不同角度去看它、体验它，所以从中得出有关人生的定义，也各有殊异。但有一点是共同的——人生即是选择。

欧俊的《做人哲学》认为："人生似一条曲线，起点和终点是不可选择的，而起点和终点之间充满着无数个选择的机会。在人生的旅途上，你必须做出这样的抉择：你是任凭别人摆布还是坚定自强，是总要别人推着你走，还是驾驭自己的命运，控制自己的情感。……有的选择严峻地出现在何去何从、前途未卜的十字路口上，这是人生决定性的时刻。决定性的选择需要果断和勇气。"在各种各样的危机面前，比如信仰危机、事业危机、情感危机等，正确的选择和变动，会使我们聚集起新的力量，重新面对现实，面对世界。

选择的权力在自己的手中，但许多人并没有使用这个权力。也许这是造成很多人活得碌碌无为的最直接的原因。有才能不一定成功，是因为他们没有选对发挥自己才干的舞台。拿破仑选择了当时法国革命最需要又最能展示自己才干的军事指挥官，才使他由一个科西嘉小子成为一代伟大的统帅。

要实现人生价值，必须十分重视选择。只有选择才会给你的生命不断注入激情；才能使你拥有把握人生命运的伟大力量，才能把你人生的美好梦想变成辉煌的现实。

只有选择，人生才有主题；只有选择，人生的坎坷才会被踏平；只有选择，人生才能冲破世俗的樊篱；只有选择，人生才能演奏出生命的华彩乐章。人的一生就是一个选择的过程，唯有自己的出身不能选择，其他一切命运，都是自己选择的结果。人生对于任何事情，为了实现心中的梦想而采取行动的时候，都需要选择。

伟人们之所以伟大，是他们选择了伟大的事业并且干出了伟大业绩。

路是自己的选择，人生是自己的选择。

通过分析，我们觉得：

（一）要努力做一个有价值的人

爱因斯坦曾经说过："不要去尝试做一个成功的人，要尽力去做一个有价值的人。"当人离开这个世界时，应该留下一些对世界有价值、值得他人回味的东西。

人生只有一次，作为人生应该能更好地帮助自己、帮助家庭、帮助国家、帮助世界、帮助后人，能够让他们的日子过得更好、更有效率，能够为他们带来幸福和快乐。只要人生对这个世界有些许贡献，无论这种贡献是老师教育了学生、医生护士帮助了病人、还是清洁工美化了城市环境等，都是一个人对这个世界的影响，对这个世界的贡献。当你即将离开这个世界时，回首往事，心中有一种"世界因我而美丽"的欣慰和自豪，这就是为世界创造过价值，是一个有价值的人生。

人生目标，要有足够的挑战性，才会更显得有价值。人生应该尽量放开思路，站在更高的起点上，给自己设定更富有挑战性的目标，这样就会有更高的努力方向和更广阔的发展前景。当然，有挑战性的目标未必能实现，但只要为此努力过了，就无怨无悔，这就是价值，算是给后人探路吧！爱因斯坦虽然没有发现"统一场论"，没有最终实现自己的理想，但他还是在理想之路上获得了令世人瞩目的阶段性成果——发现了狭义相对论和广义相对论，并启发了后来者继续他的伟大工作。从这个意义上说，爱因斯坦的理想虽然没有实现，但他实现了他的人生价值，仍然值得世人的敬佩和惊叹。

制定自己的人生目标，要回答两个最为根本的问题：我想成为什么样的人？我想做什么事？人生目标必须明确、具体，不能只是口号或者空话。只有明确的目标才能有效地指引你前进，对自己的目标还要做出及时的调整。"无论你能做什么，或梦想能做什么，放手去做吧！勇气蕴含着天赋、才能与魅力。"让歌德的这句名言激励人们追求真理，走向成功，造就有价值的人生。

（二）人生要有意义

人的一生似乎既漫长又短暂，因为只有一次，格外可贵。人生就像一张画卷，需要为它增光添彩。想让人生充满光彩，并不需要有什么显赫的成就或成为万众瞩目的明星，只需要享受努力拼搏的过程，做了对人民有益的事，不给自己留下遗憾，这就是有意义的人生。

有的人一生忙碌，追求功名利禄，想将一切收入囊中，结果往往是一场空，只留下可悲的笑谈。刘禹锡胸怀大志，想报效祖国，却英雄无用武之地，他壮志难酬，但他有乐观的心态。小人陷害时，他只是"一诗置之"。他将志趣放到飞扬文字，写下无数壮美诗篇，他享受生活，没有违背自己的人生原则，快乐地过完一生，为后人留下了宝贵的文学财富和那份炽热而坦荡的情怀，他的一生是丰富、有诗意而且有意义的人生。

人生不一定轰轰烈烈，平平淡淡一样精彩。正如冰心描述的生命状态，虽平凡，却创造了不一样的精彩。假如你是小草，虽不如花美艳，不如大树强壮，但你一样可以努力生长，汲取营养，装点了绚丽的大地。人生亦是如此，虽然你不出众，但你只要努力拼搏，创造属于自己的天地，一样可以出彩，有意义。

那些为了民族解放而奋斗牺牲的战士，他们一生很短暂，却很有意义，他们保卫祖国，保卫家乡，维护祖国的尊严。他们可能连姓名都没有留下，但山河可以作证，他们曾经辉煌地来过！"生的光荣，死的伟大！"

人生就是这样，不可能平平坦坦，一帆风顺，磕绊坎坷，逆境挫折，酸甜苦辣，让我们品味人生的各种味道，人生才更丰富多彩，更充实有意义。

（三）选择是把握人生命运最伟大的力量

谁掌握了选择的力量，谁就掌握了人生的命运。

人生的任何努力都会有结果，但不一定有预期的结果。错误的选择往往使辛勤的劳动付诸东流，甚至使人生招致灭顶之灾。只有选择正确了，所付出的努力才会有美好的结果。

生活中的困难多于幸福，人生的磨难多于享乐。人不应在困难中倒下，而要努力在困难中挺起。因为当你重新做出选择时，你就会拥有一种连自己都不敢相信的力量，而这种力量会让你战胜困难，同时使你的人生像初升的太阳一样，突破云层，升起在蔚蓝的天空中。

如果一个人获得了幸福、健康、才能、快乐、权势等的一切，但放弃了对真、善、美的追求和选择，那么他就会堕落成为动物。生活中选择坚定向前走，不管到底会出现什么，你只要怀着自己的信念，你就会成功。

面对危机，你必须做出选择。这如同你不会游泳却被人推到河里一样，除了坚强地游上岸让自己不至于被淹死，此外，别无生路。选择，只有依靠自己的选择，才能掌握自己的命运。只有正确的选择，才有成功的人生。

选择伴随每个人的一生，并决定每个人一生的成败和优劣。一旦有幸接受这种伟大推动力的引导和驱使，我们的人生就会成长、开花、结果。这种内在的推动力从不允许我们停息，它总是激励着我们为了更加美好的明天而努力。

选择是我们追求价值和有意义人生的一种强大推动力。

选择是人生最伟大的力量！

八、超脱、改善与性格

超脱是指一个人不受传统的约束，敢于追求自我价值。超越常规的思想，解脱通俗的束缚。

超脱世俗是指解脱世间不知变通的、拘泥的习俗的束缚。其实这不是说要大家不再过问世俗，远离世俗，而是一种心境。在心境上能做到享受自然，不再为世俗之事所纷扰，用最合适的心态去看待诸事万物，知道自己是什么，明白自己在做什么。

放下就是一种超脱，一种洒脱、一种超然、一种放手、一种信任。一个人拿得起容易，放下却很难。人世纷繁，名利地位、私心欲念、声色犬马，该放下的就得放下，放下就是一种超脱。什么都抓在手里，很累赘。当你把恼人的名利放下，让人敞心、惬意、轻松、潇洒！

超脱，就是超凡脱俗，与众不同、有天人合一、顺其自然、智慧生存等含义，这是一种人生境界。佛家说每个人"心中有佛"，所以，每个人对"超脱"都有自己的理解。佛家吸取其他各家文化，核心是相通的。另外，佛家讲智慧、讲领悟。那么做到"超脱"，就得有做人的智慧。

对于自己的经历，首先尽可能地诚实，正视自己的任何经历，不管什么经历，都作为人生的宝贵财富；另外，要尽可能地超脱，从自己的经历中跳出来，站在一个较高的位置上看它们，把经历当作认识人性的标本。在大自然中，一切世俗功利都十分渺小，包括"文章千秋事"

和千秋的名声，自己怎样看就是超脱问题。

万有引力定律告诉我们，两物体间的作用力与两者的距离的平方成反比，人的情感作用力也一样与相互的距离成反比。所以，为了减少和摆脱事情或者他人对自己的影响，办法就是寻找一个自己的立足点，这个立足点可以使自己拉开与事情或他人的距离。当然这个立足点不是人身的，而是心灵的立足点，就是考虑问题、看问题的角度，距离越远当然越好，相互的影响力越小，自己就可以有一种超脱的态度。人生路，遇到的事情无数，它们组成了我们每一阶段的生活，左右着我们每一时刻的心态，对此，对于跳出世态的纷扰，走好今后的路，超脱是多么重要。真正的超脱，来自彻悟人生的大智慧。

超脱不是自私，不是消极躲避，不是莫管他人瓦上霜，而是一种更大更高的思想境界。超脱，在最热烈的投入中，同时保留着、保护着清醒与自制，争取自身具有全面而又更高的思想境界。

超脱就是从一时一地、一人一圈的热闹中跳出来，尤其是从个人的利害中跳出来，保持冷静，保持全面，保持思考和选择，保持分寸感。这样，自己的人生就会少走了弯路。

超脱是一种瞬悟，是灵魂的升华，是对事情看透，想明白的一种能力。孔圣人曾说，人生有：而立、不惑、知天命、随心所欲。意味深长地告诉人：明白自己的所要求目标是否能行，能清楚世界可以允许什么存在，不盲目，不妄想，能从大环境中找到自己的真心所想境界。则安之，是一种超脱，这种超脱需人生多年磨炼才能养成。拿得起，实为可贵，放得下，才是人生处世之真谛，这是一种做人的明智选择，也是一种素质的沉淀。

寂寞能使一个人远离世俗，保持超脱尘世的完整，掌握自己的安稳，使人性得到上升，把自己的奋斗经历谱写成一篇华丽的乐章。

有思想的人才是真正有力量的人，才有可能成为超脱的人。人如果仅靠自己的体力，在自然界是很脆弱的。人之所以成为世界的主人，是因为人会思想。正是会思想的人，才创造出辉煌灿烂的物质文明和精神文明，满足人的各方面的要求。

人超越了生和死，就没有任何的欲望，成了一个完人。人的肉体、血液、骨头、精神、灵魂和激情便融为一体，成了一个超脱、完美的人。不管时代和社会怎样变化，人凭着自己高贵的品质和坚强的意志，可以超脱时代和社会，走自己正确的道路。

英国劳伦斯曾经说过："说到底，人只有两个欲望，生的欲望和死的欲望。超越了它们便成了纯粹的人。那时，我没有任何欲望，成了一个完人。"人一旦到了无所奢求的时候，人也就超脱万物了。

改善，是为了追求更快、更好、更加简洁地达成工作目标而通过"手段选择"或"方法变更"，把事情或动作往好的方向修正或调整的过程，简单来说就是改变原有情况使之好一些。

"改善"不同于"创新"。"改善"需要一定的"创新"，"创新"一定存在"改善"，"创新"是"改善"的终极要求。"改善"是人人都可以做的，也是人人都要做的，而"创新"需要具备专业背景的人士才能做。所以"改善"是小幅度、投入较少的，不需要太多专业的知识含量、技术含量的；"创新"是大幅度的，短期能够发生剧烈变化的，甚至能够带来产业革命，它需要比较专业的技术、比较大的资源投入。这是改善与创新的区别。创新突破是改善的终极目标。

生活的本义是改善世界。改善自己的生活，就是改善世界。

改变世界通常是弱者的追求，对现实不满。与其同时，也是强者的抱负，要彰显实力。立志改变世界的人，既要面对大众群体的嘲讽、轻蔑、抛弃，又要防范强者的绞杀。这个成本，比改变世界行为本身的投入还大。改变世界只是基于个人，以至团体、组织的崇高志向。

相比之下，改善世界容易得多。首先，目标决定成本。改善世界并不强调最终结果，而是实践一个心愿。成本和风险都在可控范围内。改变世界是让大众看到并接受改变后的情况，不然就类似于失败。改善世界的目标是可调的，最低限度也是自我臆想的成就感，而结果通常会超出预期。

其次，过程就是结果。改善世界把结果分化在过程之中，每一个教训都能变成经验，每一点进步都能获得快乐。改变世界是跟不确定性的对决，千难万险之后，结果未必合乎初衷。改善世界可以随时止损，也可以随时调整目标和方向，甚至转入完全不同的游戏模式。

改善世界是基于个人的努力，不是改良或改革，不一定出于使命感，也可能是神圣感。自我感觉轻松，接近平常心。

人要想长久发展，必须想办法不断自我改善，提升自己，这种无形的财富，是花钱买不到的。沉下心来，用心吸取。人要不断地学习，多跟正能量的人相处，向别人学习，向社会学习，多思考，和自己对照，自我改善，改变自己。

自律就是规范自己，调整自己，改善自己，依靠自己。自律就是无须安排，无须约束，无须提点，自我改善。自律让你更精神，更自信，更豁达。自律能治愈你的迷茫，你的不安。能改善你的心态，你的生活，改善你的坏毛病，改善自己的所有的不足，能提升自己，能知道什么事能做，什么事不能做，会成为更好的自己。列夫·托尔斯泰说过："一个人必须把他的全部力量用于努力改善自身，而不能把他的力量浪费在任何别的事情上。"

在成长的道路上，不可能总是一帆风顺，挫折和进步往往是并行的。所以，不要期望自我成长能一步到位，即使是在取得成功后，依然要学会不断地进行自我改善和自我提升。要学会自我时间管理，要把自己的时间合理分配，轻重缓急，有条不紊；学会盘算，对所学的内容进行自我思考，反思和深刻自我剖析；多接近高手，向他们学习，不断完善提高自己。

自我改善，提升自己，塑造人生，服务社会。

性格是一个人对现实的稳定的态度，以及与这种态度相应的习惯化了的行为方式中表现出来的人格特征。性格一经形成便比较稳定，但是并非一成不变，而是可塑性的。性格不同于气质，更多地体现了人格的社会属性，个体之间的人格差异的核心是性格的差异。

　　从组成性格的各个方面分析，性格分解为态度特征、意志特征、情绪特征和理智特征四个组成成分。性格的各种特征并不是一成不变的机械组合，常常是在不同的场合下会显露出一个人性格的不同侧面。性格有些是后天形成的，比如腼腆、暴躁、果断和优柔寡断等。

　　性格形成的因素很复杂和细碎，其形成主要体现在基因遗传因素、成长期发育因素以及社会环境因素三个方面。性格是可以改变，所以必须根据自己的性格特点，规范自己的性格，进而解决心理困惑。

　　要改变过于内向的性格特征，要有信心，要广泛结交朋友，尤其应多接触那些心胸开阔、性格开朗的人，潜移默化，逐渐形成外向性格特征；要学会表达自己思想感情的方法，交往中，不能沉默不语、郁郁寡欢；要学会与人相处，和对方交谈对方感兴趣的话题，投其所好，成为朋友。这样就可以逐步改变自己内向的性格。

　　性格它体现出的是一个人的素质。每个想成功或者已经成功的人，他在性格上多多少少会有所改变，因为他遇到的人和事多了，理解上就会和之前不一样。有些人的性格会很执着，但过于执着就是固执了，不见的是好事。

　　性格不能决定未来的人生，但是却能影响人生，性格不是决定因素，但确实是一个很重要的影响因素，尤其是人际关系，人的一生就是和不同的人相识相处相交，对人生影响很大。

　　一个人的性格会影响他看人看世界的角度，形成不同的世界观、价值观、人生观。一个人的性格特征将决定其交际关系、婚姻关系、生活状态、职业选择以及创业成败，等等，从而根本性的决定其一生的命运。人与人的性格不同，对待机遇的态度也不同，于是有的人能成功，有的人只能与成功擦肩而过。性格决定了人们做人做事的方法，也就决定了自己的道路和命运。

　　我们每一个人的性格中都有优点和缺点，但总是有很多人把自己性格上的弱点当成自己不成功的借口，完全忽略了可以通过改变自己的性格来重塑我们的人生，并取得成功这一法则。所以，我们必须学会发挥自己性格上的优势，改变性格中的缺陷，再加上自己的智慧和努力，相信成功就会在眼前。

法国启蒙思想家伏尔泰说过："造就政治家的，绝不是超凡出众的洞察力，而是他们的性格。"习惯形成性格，性格影响命运。

良好的性格是我们本身所具有的财富，让我们在错综复杂的人际关系中表现得游刃有余；良好的性格是我们内在散发的魅力，让我们在坎坷的成功路上战无不胜。

性格影响人生。

通过分析，我们必须注意：

（一）精神必须超脱

但凡超脱者，超越而出。人生而受束缚，但从本质上说没有几个人真的愿意受束缚，受束缚是不得已而为之的一种人生选择。我们根本无法超脱的是人体的基本要求，最低的生存需求是必须要满足的。

人是群居的动物，成长过程中受到环境的影响，会从环境中吸收形成思想意识，并将之纳为自己的人生准则。一个人在不同的年龄段，会选择不同的思想意识作为自己的人生准则。选择什么，与个人的人生遭遇有关。

大千世界是多姿多彩的，世界千变万化的，所以每个人的思想意识往往会在与世界交互的过程中发生变化，这个变化的过程，我们称之为成长，或曰心灵成长、心智成长。孔子认为，人到四十岁左右，心智才能成熟，"四十不惑"。

意识是人精神痛苦的根源。叔本华说，"人仅仅比动物多了一点点意识，但却因为这一点点意识滋生了无穷的精神痛苦"。我们很少看到动物有厌生而自杀的，而人间有很多人因为精神上的不堪重负而自杀，或因精神障碍造成医疗负担。人要想做到无烦恼、无痛苦，就需要从精神世界的种种束缚中超脱出来，在精神上实现最大的自由，自己才能活得快乐。

　　我们生活在群体之中，首先要超脱的是群体的影响。多数人活在一种被外界绑架的状态中，受到"舆论恐惧症"的影响。实际上，只要有自主的能力，自己能自给自足，同时控制自己的欲望，尽量少求于人，人精神上就能够独立。

　　人要摆脱外界的束缚，需要内心的强大。人如果迷恋于这种物我不忘的状态，最终又不免受制于此种迷恋，难以达到圆融无碍的状态，这也是一种精神束缚。如果要更自由自在，需要继续从这种束缚中超脱。

　　人活在世上，不拘于物和人不难做到，不拘于己较难做到。唯有从自己的思想意识中超脱出来，不但不受外界操控，亦不受自我内心操控，达到物我两忘的境界，然后连这种境界亦要超脱，达到无境界而又可包罗万象的境界，可以说进入真正的自由世界。人的精神就可以彻底自由了，这才是真正的超脱，精神的超脱。

　　（二）改善世界是每一个人的一生的任务

　　上面说了，生活的本义是改善世界。改善自己的生活，就是改善世界。自己的生活，包括两个方面，一方面是自己的生活起居及其周围的环境，周围的环境又包括家庭环境以及社会环境；另一方面，指自己的心灵、精神方面。

　　人生活在世，需要从外部获得生活的必需品，人才能生存，才能生活。而你要获取外部的物质资源和精神资源具体是什么？要怎样获取？要怎样为我所用？这必须外部的环境及自己的精神方面要共同作用才能达到目的。人为了更好地生活，必须改善外部的世界又要改善自我的内心世界。改善世界包括，人内外两方面的内容，它是人生活的全部意义。

　　改善世界，我们每一个人每天都在做，不管你是去单位上班、做家庭事务、做自己的事务、你阅读思考、做决定也是在改善世界，改善生活的环境，改善自我的内心世界。只是我们本来正常的生活没有用"改善世界"这个词罢了，它与改造世界、改变世界、改良世界、创造世界不一样，没有那样的惊心动魄，尽人皆知。我们不管做什么事，都改善了世界。

这里必须特别指出的是改善世界的核心是改善自己内心世界，即"自我改善"，正如我们经常说的，在改造客观世界的同时改造自己的主观世界，道理是一样的。

自我改善十分重要，通过不断地自我改善，心态好了，能力提升了，能力提升后，又促进心态的改善，周而复始，进入良性循环，量的不断积累产生质的飞跃。人的整体素质也就提升了，你分析问题和解决问题的能力就提高了，办事和交往的事情就得心应手，从而开启更加辉煌的人生。

要想有所作为，就必须提升"自我改善"的能力。纵观古今中外，但凡成功者，无不是通过严格的"自我改善"，才获得大成和圆满。只有学会了"自我改善"，才会把自己造就成一个能够持续成功的人。

当一个人先从自己的内心开始奋斗，他就是个有价值的人。

（三）良好的性格成就辉煌人生

释迦牟尼说："妥善调整过的自己，比世上任何君王都更尊贵。"良好的性格是我们一生的财富。

良好的性格是我们内在散发的魅力，可以改变一个人的一生。自然界有宝藏发掘的奇迹，人本身也有内在的宝藏——良好的性格。

曾国藩是成功开发良好性格宝藏的典型代表，他一生的成就得益于其方圆得体的性格。良好的性格使他处江湖之远，倍解民心；居庙堂之高，深得君意。曾国藩曾经写过一副对联：养活一团春意思，撑起两根穷骨头。正是这种刚柔相济的良好性格，使他在朝野之上、在天地之间游刃有余。

人的性格很难改变，但后天的环境影响很大。居里夫人说："我并非生来就是一个性情温和的人。我很早就知道，许多像我一样敏感的人，甚至受了一言半语的苛责，便会过分懊恼。"她说，她受丈夫居里温和性格的影响，也学会了忍让。她确信，一个具有良好性格的丈夫会在不知不觉中影响和提高妻子的心灵品性。居里夫人还从日常种种琐事，如栽花、种树、朗诵等培养出一种沉静的性格。我国民族英雄林则徐为了改掉自己急躁的性格和容易发怒的脾气，在书房醒目处挂起自己亲笔书写的"制怒"的横匾，以此自警自戒，陶冶自己的情操。可见，性格是可以塑造的，但必须有恒心，有毅力，从细微处着手。

美好的人生，需要有良好的性格。人生的许多不如意都与性格息息相关。人虽然不能控制先天的遗传因素，但可以掌握、改变和塑造自己的性格。良好的性格是人生的一笔巨大财富。

九、求真、求和与求好

求真，是为了探求事物发展的客观规律。所以"求真"，就是"求是"，也就是依据解放思想、实事求是、与时俱进的思想路线，去不断认识事物的本质，把握事物的规律。

求知欲是人类特有的一种本性，是人区别于其他动物的一个标志。人遇到未知的事物总会本能地想知道它的本来面目，想探明它背后的规律和真相。这充分表明"求真"意识是根植于我们内心深处的，居于人类精神的核心地位。

从自然进化的角度来看，人的"求真"本性可以看成是"生物必须适应环境"这条自然生存法则在人的意识领域的体现和升华。一般的生物没有意识，不会思考，只能被动地适应环境。而人类进化出了自我意识，"适应环境"这条法则在意识层面便被重新表述为"主观要与客观相符""精神世界要与现实世界相统一"——这就是人类"求真"本性的由来。

求真的过程中，人会感到辛苦，目标还未达到，就感到不安，只有达到目标，解开自己的疑问，知晓真相的生命满足，心灵才能释然，感觉快乐。"求真"的探索，带来心灵的快乐。"求真"就是人性中的哲学性需求与科学性需求。

我们生活在地球上，对于地球，就要认识它，不断了解它的属性，然后适应它，才能在地球上活得好。你做事，开始不懂，就得学习，认识它，了解它，然后去做事。这就是求真。

人生是什么？这由你的价值观和世界观来决定，没有统一的答案。人生其实就是给自己活着的一个希望、一个目标、一个盼头，这样才活得真实有意义。

人生就是求真的过程。孔子感叹"朝闻道，夕死而已"。这里的道，道就是真理，真理就是道。道和真理是一回事，这就是神、佛、先知、仙、圣人都重视道的原因，也就是说，神、佛和圣人们给我们讲的就是真理。宇宙中的一切，包括我们人类自身，就存在于真理的汪洋大海之中。

求真是理想和目标，经世是为理想和目标的准备。经世是求真的准备，求真是立业的目标。经世，在现实的社会经历，了解现代社会人的思想，分析思想转化的行为，经世是用心体验的过程。这就是为求真做了准备，使求的"真"更符合客观实际，更符合真理，更合于"道"。

"求真"是"务实"的基础。"务实"是"求真"的目的和归宿。列宁指出："没有革命的理论，就不会有革命的运动。"完整意义上的"求真"，就是要在认识客观规律和客观实际的基础上制订科学正确的行动路线和方案，然后去"务实"，去实践。国家、单位和个人都出现过因为思想认识不到位，做出不符合实际的决策而在实际工作中失败、受挫的经历，可见"求真"的重要性和必要性。马克思指出："哲学家们只是用不同的方式解释世界，而问题在于改变世界。"求得了"真"，就要务之于"实"，也就是把路线和方案付诸实践和行动，得到改造世界的目的。"求真"不是要坐而论道，而是要"务实"，落实在行动上。否则"求真"就失去真正的意义。

"求真知，做正事"，是人类全部责任的概括，是人生全部运作的遵循。求真知，唯有学习，不断地学习，有创造性地学习，才能越重山，跨峻岭，从而获得真知灼见，走好人生的每一步。陶行知先生曾经说过："千教万教教人求真，千学万学学做真人。"一语道破了教学的目的和学习的真谛。这是我们中华民族的传统美德，唯真才真，唯真才美，应该把它作为自己的座右铭，做个教人求真，学做真人的人。

李大钊曾经说："凡事都要脚踏实地去做，不驰于空想，不骛于虚声，而唯以求真的态度做踏实的工作。以此态度求学，则真理可明，以此态度做事，则功业可就。"

人生的台阶是一层一层筑起的，目前的现实是未来理想的基础。只想将来，不从近处现实着手，就没有基础，就会流于幻想。从近处着手，这就是"求真"的态度。

"求真"是人生的基本准则。

求和，按照字面的意思即战败或处境不利的一方，向对方请求停止作战，恢复和平；竞赛的一方估计不能取胜设法造成平局；求得两个或两个以上数字相加的总数的意思。

"和"的哲学内涵，从本体论角度看，指"和实生物"；从方法论角度看，讲"和而不同"；从价值论角度看，强调"和为贵"。"和"的组成词语很多，比如，和谐、和善、和而不同、和为贵、和平、和睦等等。求和，这里主要就是指求和谐、和善、和而不同等几个与人生关系比较密切的词语，并做些说明。

和谐是事物之间在一定的条件下，具体、动态、相对、辩证的统一，是事物之间相辅相成、互惠互利、互保互补、共同发展的关系。这也是和谐观的基本观点。求和，在这里就是谋求和谐，共同发展的观念。

和谐社会，是人类长期以来追求的一种社会理想。古今中外，有许许多多的政治家、思想家对和谐社会进行过积极的探索。和谐社会构想作为一种追求的目标，一种理想的社会类型而存在。中国历史上主要有协和万帮型和小国寡民型两种类型。在小国寡民型理想社会里，正如老子说的"人法地，地法天，天法道，道法自然"。强调人与人要和谐，而且人与自然也要和谐。

构建和谐社会包括保持自我和谐、人际和谐以及人与自然的和谐。自立、自信、自尊、自强的自我和谐意识，对形成理性平和、积极向上的社会心态具有重要的意义。自我的社会认知理论及其和谐社会的构建，对于探索人性的本质、提升人性的尊严、点燃心灵中的真善美实践，对于自我和谐的形成都有重要作用。

和善，是待人的一种形象描绘，是人的内在品行的体现；是对他人的关心、付出、贡献，也是对自我价值的肯定与主动鼓励；是与人之间的亲近和睦，友善。求和，即求和善，要求人要行善事，有善举，有善行，有善心，人类才和谐，人与自然才和谐，人与人之间才和谐，自我才会和谐。人心和善，家庭和睦，与人和顺，社会和谐，人间美好，世界和平。

求和，做和善的人。要培养自己爱人，只有有大爱的人，才能善根深厚；对自己的父母孝顺，而善孝为先；培养自己的恭敬心，有恭敬心的人，对他人尊敬，培养起自己的善心。

一个社会，一个国家，一个民族，能够容得下善良的普通人，无灾无病，有病有治，无苦无难，有难人帮，幸福地过完一辈子，这就是对善意最大的鼓励和褒奖。一个人能够用自己的人生，去向大众证明，善良不是痛苦，善良不是灾难，善良不会导致不幸，这是导人向善最大的说服力。善良得不到善报，本身就是对善最大的摧毁。

"和而不同"，"和"于事物来说是"多样性的统一"。而对人来说，"和"是和于观点与意见，是观点与意见多样性的统一。同表示同质事物的同一，即把相同的事物叠加起来。"和而不同"，指君子在人际交往中能够与他人保持一种和谐友善的关系，但在对具体问题的看法上却不必苟同于对方。"同而不和"则是小人习惯于在对问题的看法上迎合别人的心理、附和别人的言论，但在内心深处却并不抱有一种和谐友善的态度。君子在大是大非面前勇于坚持主张，不计较往来中的是非恩怨，能在正视不同意见的基础上求同存异。这样，社会才会和谐，人际关系才会真正的和谐。

和则利，战则损。以和为贵，家和万事兴。天时不如地利，地利不如人和。

　　求和，和的关系很广泛，求和的内容就很多。简单地说，求和应该是求得任何事情对天地、社会、每个人以及自我都有利，和谐、和善，这是我们考虑问题、处理问题的出发点和基础。

　　求好，即在有限的条件下追求最好的事物与生活，是自己人格与风格求好精神的体现。好，有优点多或使人满意、生活幸福、友爱、容易、完善、赞成、喜爱的意思。美好，指美丽的东西让人身心舒畅，生活快乐。美，是指能引起人们美感的客观事物的一种共同的本质属性，但它本身是一种主观感受。美包括生活美和艺术美两个最主要形态。求好、求美好、求美都是人的身心的一种主观感受。好比美的范围和内容更广更多，本来我们习惯说的求美，按正常的心理感受，应该包括在求好的范围之内。

　　真正的生活品质，是回到自我，清楚衡量自己的能力和条件，在这有限的条件追求最好的事物和生活。再进一步，生活品质是因长久培养了求好的精神，因而有自信、有丰富的心胸世界。在外，有敏感直觉找到生活中最好的东西；在内，则能居陋室而依然能创造愉悦多元的心灵空间。生活品质就是如此简单，它不是从与别人比较中来，而是自己求好精神的表现。

　　在一个失去求好精神的社会里，往往使人误以为摆阔、奢靡、浪费就是生活品质，逐渐失去了生活品质的实相。进而使人失去对生活品质的判断力，追逐名牌的香水、服装、皮鞋、从头到脚，房子到汽车，心生卑屈，不择手段追求生活品质，心力交瘁，有的走上犯罪之路。

　　每个人在不同的人生阶段以及同一阶段的不同时候对美好有不同的理解和追求。家人身体健康、家庭和睦、亲朋好友安康、工作顺心如意，天天开心就很美好，这也是自己的追求，求好。

　　精神上的追求，求好。精神生活源于物质生活，且反作用于物质生活。人的生活就是有目的、有计划地活着。生活就是不断地创新，生活就是做平凡的事，生活的答案太多了。但是无论生活是什么，只要我们乐观地看待它，使其有意义，就是完美，就是求好。

求好，所追求的就是人的心情乐观、愉悦和幸福。人是在一定条件下对生活品质的追求，而不是在与别人比较中得来，它反映了一个人自信、丰富的心胸世界，是一个人求好之精神表现。求好比求美更加词达其义，更确切地反映人的整体、全面的精神活动。

列宁说过："宁肯少些，但要好些。"

通过分析，我们考虑了几个问题：

（一）求真、求和、求好是辩证统一的整体

求真、求和和求好分别对应天道、人道和自我，也对应本来经常使用的求真、求善和求美，它们是辩证统一的整体。

我们人做任何事情都必须考虑做事必须符合自然的规律和社会的规律，事情才能成功，这就是求真。另外，做事情符合规律以后，有了"真"，事情的结果还必须符合人的目的、要求，使我们的生活舒适，并且对社会的各个方面都有好处，起码不会对别人造成坏的影响，就是求"和"，人才能去做，才有必要去做。还有事情已经解决了认识上的"真"和"和"，还必须尽可能满足人"好"的需要，即心灵、精神层面上达到愉悦、快乐和幸福，真正达到人们需要的生活品质。这样"真""和""好"的认识都到位了，可以进入实践、行动的阶段。当然，要实践中可以根据情况的变化作适时适当的调整，使真、和、好达到更加融洽和圆满。

求真、求和、求美是一个整体，三位一体。任何事情，三项缺少任何一项就不完整，不完满，最后事情完不成，或者失败。其中三项都不相同，相互区别，但都互相联系，互相影响，互为辩证构成统一的整体。比如说求真和求和，你不去"求真"，探究所做事情的客观规律，而人们"求和"的愿望再好，事情最后不一定成功，因为它违背规律；另外，如果有了"真"，没有"和"，对人们各方面没有好处，没有和善，人们何必去做呢？所以说，他们三者之间是互为辩证统一的整体。

（二）关于"和而不同"的现实意义

求和，其中的一个方面内容是"和而不同"。"和"和"同"很典型地代表了中国人的思维特点和方式。当和的观念付诸实践，就形成了国人独特的行为方式。

早在公元前 800 年上下，郑国的史伯就提出了"和实生物，同则不继"的思想（见《国语·论语》），指出，只有一种声音谈不上音乐，只有一种颜色构不成五彩。孔子提出"君子和而不同，小人同而不和"（见《论语·子路》），把对"和"与"同"的不同态度作为判定"君子"与"小人"的标准，反映了两种不同的世界观和价值观。

"和而不同"承认多样，承认差别，承认矛盾、冲突乃至对抗，这是"和"的基本前提。正因为有对立面的存在，有多样性的差异，才有了大千世界的丰富多彩。和谐社会概念的提出，本身就包含着对这种多元并存的承认与宽容，协调与平衡。

"和而不同"思想处理人际关系，就要"与人为善"。善于听取不同意见，取人之长，补己之短，携手进步。提出的"民主、集中"思想，建立和谐社会，就是以"和而不同"为基础的。

"和而不同"在处理国际事务上，尊重各国的意识形态、价值观念等的不同，本着和平、发展、合作、共赢的理念，提出"构建人类命运共同体"，坚持相互尊重、平等协商、对话不对抗、协商化解分歧等，得到世界各国的普遍响应和积极支持。中国坚持对外开放的基本国策，积极促进"一带一路"国际合作，努力实现政策沟通、设施联通、贸易畅通、资金融通、民心相通、打造国际合作新平台，增添共同发展新动力，这些理念都包含有"和而不同"的思想内核。

"和而不同"是中国传统文化的一项重要内容，它在历史上对于中华民族的发展、团结和统一有着重要影响。在新时代，"和同"理念继续发挥着时代的作用，在国际舞台上、在建设和谐社会中，发挥的积极作用已经做出了证明。新时代的每个人，要谱写出彩的人生，必须认真领会，好好实践"和而不同"思想。

　　"和而不同"是时代创新和进步的动力，是推动人类文明前进的真正源泉。

　　（三）求和、求好的"和"和"好"是指整体的"和"和"好"

　　求和、求好关系我们人自身，关系着人的利益、目的和精神享受。但是这里特别指出的是利益、目的和精神不仅指具体进行的行动的人们，而是指整体人群，乃至整个社会，是经得起时间检验的，不是一时一事的。

　　按照辩证法观点，事物都是互相联系，任何事情都不是孤立存在的。求和、求好的社会效果必须对当事者有利，心情愉悦，这是肯定的，要不然事情就不会做了。但同时对别人、对社会都要有利，都要和，都要好，我好，你和他也要好；经济效益好，社会效益和生态效益也要好；现在各方面好了，今后也要好，而且长期都要好。比如，我们计划一个开发项目，经济效益好了，会不会污染环境，污染怎样处理等等，这关系到社会效益、生态效益以及周围人们生命生活问题。对于项目必须认真对待，严格论证，才能决定项目要不要上马。

　　求和、求好应该而且必须是指整体的"和"和"好"，这里特别地提出来。

十、学思、行悟与创新

学思，学思是学与思的结合，学是学习，思是思考，即在学习过程中把学和思辩证地统一起来。

孔子《论语·为政》："学而不思则罔，思而不学则殆。"认为光学习不思考，即如果单纯通过博学和审问获得感性知识，而不经过思维加以分析整理、引申归纳，提高到理性水平，则所学虽博，所问虽多，也必然是茫然若失，不会有心得和收获；反之，光思考不学习，则所思虽勤，结果仍会疑难重重，问题得不到解决。孔子的学生子夏也提出"博学而笃志，切问而近思"（《论语·子张》）的命题，概括了"学"—"问"—"思"的规律。

"学"和"思"是辩证的关系，"学"能引导"思"，"思"能促进"学"。"学"是"思"的基础，而"思"则是"学"的升华。只读书不思考是读死书的书呆子，只空想不读书是陷入玄虚的空想家。书呆子迂腐而无所作为，空想家浮躁不安而胡作非为，甚至有精神分裂的危险。

学习，是指通过阅读、听讲、研究、实践等途径获得知识或技能的过程。学习分为狭义和广义两种。狭义的学习是一种使个体可以得到持续变化，包括知识与技能、方法与过程、情感与价值的改善和升华的行为方式。广义的学习是人在生活过程中，通过获得经验而产生的行为或行为潜能的升华的相对持久的行为方式。

234

　　学习是阳光对着阳光，可以驱散心中的阴影，换取无数更真挚热情的心；学习是雨露，可以滋润你干枯的灵魂，让生命更为生机勃勃；学习是通向成功的捷径，在磨炼中提高，找到成功之路；学习是慈爱而又严厉的母亲，赋予如何为人处世，为理想而奋斗的精神。因为有了学习，才有奋斗的资本。

　　学习，让你看清人生百态；让绝望者有了继续生存下去的勇气，让成功者有了下一个奋斗的目标；让你能微笑面对困难和挫折，积极地面对生活；让你少些遗憾，人生舞台圆满落幕。学习让你生命交响曲的乐章中增添更为辉煌灿烂的一页！

　　苏维迎的《慧语与明言》："我们要向书本学习，向别人学习；要向大自然学习，向社会学习；要向实践学习，向使用学习……学习哲学，花力气弄通掌握对立统一规律。对立统一规律真正领会了，看问题会清楚点，因为它是人类知识宝库的钥匙……书山有路思为径，学海无涯乐作舟。"学习什么，怎样学习，才会提高学习的效果和作用，事半功倍，这是每一个学习的人们必须认真注意的问题。

　　学习的难点不在于学，在于习。不断实践，时刻感悟。习，是无休止的试错过程。学海无涯、习无止境，活到老学到老。学是选择思想，习是形成思想。习就是思。如今学习的意义，由传承转向创造。人类为了传承，留下太多的书。对于书的选择，是学习能力的体现。学习是立体化修炼。读万卷书、行万里路、交四方友，都是学习。

　　互联网改变了人类的学习方式。甚至，改变了学习的定义。背诵和记忆部分，已经不是学习的重点。人类迄今有用的知识，全都能在网上查到。敲敲键盘，上下五千年，东西南北中一目了然。以前在图书馆埋头三年的知识，前后不到三分钟信手拈来。但是，互联网这些好处都集中在"学"的方面，"习"还是自己的事。

　　思考就是用眼睛看到、耳朵听到、手接触到的等所有的感知的事物的情况及其变化，发挥大脑的功能，能动地思虑，科学地分析事物及其变化的本质和趋势。为了我们的目的和要求思量出相应的办法和措施，促使事物按着一定的方向和路线运动。这是思考的过程，是知的过程，也是思的过程。

思考是解决问题的钥匙，思考是大脑的革命。"我思故我在"，人因思考而存在，多想的重要性可见一斑，我们要成为一个勤于思考，善于思考的人，也就是活人。富兰克林说过："读书是易事，思索是难事，但两者缺一，便全无用处。"

学思是辩证的关系，对于人生的行程影响很大。

行悟的意思是边走边思考即感悟，直白地说就是指在成长的途中，边走边成长，边成长边成熟，感悟在增加，收获在增加，越来越成熟。行，即做事、实践；悟，即领悟，行悟就是在实践中领悟，达到理性升华。

年华似水，似水年华，悟一生，一生悟。

没有行，没有经历，就没有体会，更不能认知。那些看似浅显的道理，非要亲历过，才能深悟。那些看似清淡如水的寻常点滴，回头过往，才顿觉值得一生追忆，值得终生回味。

时间会冲淡一切，没有过不去的事情，只有过不去的情绪。每个人都在人海茫茫中，学习并领悟思考人生。

人生不一定要活的漂亮，但一定要活的精彩。人生不一定要顺顺利利，但一定要奋斗努力。奋斗不一定成功，但一定要勇于进取。人生，不一定要当"最好"，但一定要让自己"更新"。人生，不一定要登峰造极，但一定要让自己不断进步。学历不一定要高，领悟能力要强。我们不一定比别人聪明，但一定要比别人努力。我们不要相信命运的安排，要多一些人生的行悟。

人生难料，难料人生。生活是一道菜，苦辣酸甜咸，品了，叹了；人生是一场戏，生旦净末丑，看了，醒了。红尘过往，没有人握得住地久天长，人生之事岂能尽如我意，哭笑皆由人，悲喜自己定。人生路漫漫，时常多感悟。自己是主人，命运在心中。

马克思说："青春的光辉，理想的钥匙，生命的意义，乃至人类的生存发展……全包含在这两个字中……奋斗！只有奋斗，才能治愈过去的创伤；只有奋斗，才是我们民族的希望和光明所在。"奋斗是行，行就是奋斗，就是实践，这个道理是从奋斗中，从实践中悟出来的，成为人们为之奋斗的动力和目标。

要改造世界，先改造自己；要成就事业，先劳苦自身；要胜利登顶，先奋力攀登；要人生辉煌，须人生行悟。

创新，指创立或创造新的，也是首先的意思。

创新是指以现有的思维模式提出有别于常规或常人思路的见解为导向，利用现有的知识和物质，在特定的环境中，本着理想化需要或为满足社会需求，而改进或创造新的事物、方法、元素、路径、环境，并能获得有益效果的行为。

创新从哲学上说是一种人的创造性实践行为，这种实践的目的是增加利益总量，需要对事物及其发现的利用和再创造，特别是对物质世界矛盾的利用和再创造。人类通过对物质世界的利用和再创造，制造新的矛盾关系，形成新的物质形态。

创意是创新的特定思维形态，意识的新发展是人对于自我的创新。发现与创新构成人类相对于物质世界的解放，是人类自我创造及发展的核心矛盾关系。只有对于发现的否定性再创造才是人类创新发展的基点。实践是创新的根本所在。创新的无限性在于物质世界的无限性。

创新就是创造相对于实践范畴的新事物。矛盾是创新的核心。矛盾是物质的本质与形式的统一。物质的具体存在与存在本身是矛盾的。人是自我创新的结果。人以创新创造出人对于自然的否定性发展。这是人超越自然达成自觉自我的基本路径。创新是人的自我否定性发展！

创新是人自我发展的基本路径。创新是对于重复、简单方式的否定，是对于人类实践范畴的超越。新的创造方式创造新的自我！

创新的本质是突破，即突破旧的思维定式旧的常规戒律。创新活动的核心是"新"，是人们为了发展需要，运用已知的信息和条件，突破常规，发现或产生某种新颖、独特的有价值的新事物、新思想的活动。

　　创新涵盖众多领域，包括政治、军事、经济、社会、文化、科技等各个领域的创新。创新突出体现在三大领域：学科领域表现为知识创新；行业领域表现为技术创新；职业领域表现为制度创新。

　　人类社会从低级到高级、从简单到复杂、从原始到现代的进步历程，就是一个不断创新的过程。民族的发展速度有快有慢，发展阶段有先有后，发展水平有高有低，究其根本，创新能力是影响的主要因素之一。

　　要创新需要有激情，还要有一定的灵感。激情和灵感不是天生的，而是来自长期的积累与全身心的投入。没有积累就不会有创新。创新有时要离开常走的大道，潜入森林，走进沙漠，步入原野，你就肯定会发现前所未有的东西。

　　科学需要创新，勇于幻想，有幻想才能打破传统的束缚，敏于观察，勤于思考，敢于设想，善于综合，勇于创新，才能发展科学。

　　李政道曾经说："一个人想做点事业，非得走自己的路。要开创新路子，最关键的是你会不会自己提出问题，能正确地提出问题就是迈开了创新的第一步。"创新是科学发展、社会进步的动力和生命力。

　　保持一种创新思维，创新思维是一种积极的心态，凡成大事者都有超出常人的创新思维。

　　创新是遨游人生的翅膀，是国家崛起的基石，是民族傲然的资本。我们要拥有创新的理念，创新的精神，创新的行动，才可以谱写 21 世纪的新篇章。

　　通过分析，我们必须注意：

　　（一）学思、行悟与创新是一个辩证的统一体

　　从上面的分析可以看出，学思、行悟与创新他们的功能及其作用各不相同，但它们之间相互影响，相互联系，互相辩证，构成一个统一的整体。

　　从矛盾的角度看，一分为三，人生要成就事业，要从学思、行悟和

创新三个方面，认真研究，着手行动，而且一环紧扣一环。没有学思，难以行悟，肯定难以创新；有了学思，没有行悟，难以对问题的深入理解，也一定难以创新；没有创新意识，你学思了，行悟了，但没有突破常规的思维观念，最后也难以有所成就，有所创新。它们是互为辩证，相互联系的。从学思、到行悟、再到创新也是一个量变到质变，精神创造物质的矛盾发展过程。学思，是思考寻找我们所从事工作的目标、方案和方法；行悟，是把学思的结果也就是知，进行实践活动，即"行"，在行中悟，悟出行即实践的情况及其变化，检验学思的效果，进一步悟出事物发展的规律、趋势以及发展的潜力和可能，这属于理性的活动；创新，即根据行悟的观点，确定创新的具体目标，以及整体思路，在实践中达到创新的目的。整个过程是从感性认识到理性认识，再从理性认识到抽象具体的过程，也是否定之否定的过程，事物螺旋式上升的矛盾发展规律。

学思、行悟与创新这个整体里面的每一个问题，即学思、行悟、创新自己也是一对矛盾，学与思，行与悟、创与新，他们是对立统一的矛盾关系，也推动自身的发展。大矛盾中有小矛盾，小矛盾的综合成了大矛盾。

世界事物都是互相联系的。世界是关系的世界，社会是关系的社会，人生是关系的人生。

（二）学思的基本意思就是"知"，然而比"知"更进一步

学思，就是学习和思考的结合。学习是空泛的概念，学习可以是阅读，可以是人的眼、鼻、耳朵等的感性感觉，可以学习自然、社会、别人、自己，可以向实践、使用学习，学习可以说是感觉、思考的过程。学思的思就是思考。学思的结果包括我们要从事，要开展的工作的整体思维、计划和方案，它的范围包括了"知"。

知，按字面理解就是明了、了解的意思。知从这个层面上看是知道，有学问有知识，它较少关于思维的成分。其实，它还没有形成关于

工作或做什么事情的方案及计划，只是纯粹的感性的素材。

学思比较知，学思获得的感性材料比知多。学思对取得的感性材料也有了初步的分析思考，有了行的初步工作方案和计划，学思比知更有针对性、更具体。如果都与行结合，学思与行的结合会更具体、更自然，行会更容易展开。

"知"我们说得比较多，所以这里特别提出来。

(三) 关于"知行合一"和"行悟合一"的看法

知行合一，是由明朝思想家王守仁提出来的。知是指良知，行是指人的实践。知与行合一，既不是以知来吞并行，认为知便是行，也不是以行来吞并知，认为行便是知。认识是"知"，实践是"行"，只有把"知"和"行"统一起来，才能称得上"善"。致良知，知行合一，是阳明文化的核心。知行合一思想在历史上以及现代社会仍然有重要的意义。

我们说的"行悟合一"是在学思基础上的行，行前有学思，行中有悟，行后有悟。悟贯穿于行的过程，调控行的运作；同时对行的结果的悟，感悟更广阔更深刻，为今后的行创造条件，包括创新。应该说，"行悟合一"比"知行合一"更具体、更具前瞻性、更深刻。就字义看，悟是在"知"基础上的"悟"，"悟"的基础是"知"、是行，"知""行"的发展是"悟"。

时间如流水，逝去了岁月，领悟了生活，顿悟了人生。人生不在于活得长与短，而在于顿悟的早与晚，生命不是用来更正别人的对与错，而是来实践自己精彩的人生。

人生的目标，在于向前，也在于拐弯。人生的成长，在于学习，也在于经历。人生的修养，在于顿悟，也在于静养。人生行悟，在于实践，更在于悟。人生发展，行悟合一，光彩人生。

"行悟合一"更合于天道、人道和自我的精神内核，更具时代气息，更合于人的心灵。

十一、至善、高贵与纯真

至善，是最崇高的善，亦是道德追求的最高境界。

至善，在《礼记·大学》："大学之道，在明明德，在亲民，在止于至善。"朱熹说："止者，必至于是而不迁之意。至善，则事理当然之极。"止于至善这个成语被经常使用。

止于至善，是一种以卓越为核心要义的至高境界的追求。止于至善，上升到人性的层面就是大真、大爱、大诚、大智的体现，是自我到无我境界的一种升华。

王阳明释"至善"为"性"，即本性。"至善者，性也。性元无一毫之恶，故曰至善"。（《传习录上·语录一》）至善之性是人类的固有本性，所以"止"就是一种对本性的复归，"止之，是复其本性而已"。（同上）历史的解释虽然表达不同，但都是要通过道德修养而达到并保持人类最高的善。

至善，就是最高境界的善，或者抵达真正的善。

人应该怎样追求善的人生？特别是在现代社会，现代社会在物质层面高度发展，人也成了高度运转的机器，人们很少关心自己的灵魂和美德，关心更多的是房、车和银行存款。善似乎褪去它本来的光芒，离人们的生活也远了。其实，早在苏格拉底时代，这位哲人说：知识、意志和行动都是统一的，是灵魂的性质和表现，所以懂得了道德知识的灵魂，就是善的灵魂，善的灵魂就不会做出不道德的事情。生活在价值多元的时代，个人的善有时比社会的道德改造更重要。许多事情，诸如个人的失意、痛苦、疾病、死亡，社会上的丑恶现象，等等，这些往往不是人们力量范围以内的事情。但按照本性生活，做一个善良，正直，高尚，有道德的人，这是什么力量也无法阻止的。追求"善"的人生，就不仅需要思考善，思考光明磊落的事情，还要付诸行动，行动就是存在的目的。

追求至善人生就是一个从美德到至善的追求过程。个人的至善需要不懈追求，那么人作为社会这个整体的个体，不能脱离社会、脱离整体而存在，要致力于使自己与整体重新统一起来。至善不是目的，而是一种人生的坐标，更是社会的历史坐标。在中国，构建和谐社会，坚持以德执政，坚持精神文明建设成为善的代码驱动历史车轮的滚滚向前。

人生在世不能没有信仰，不能没有至善目标的追求，否则，便无以获得其人生价值，从而就会觉得活着没有意义。至善的观念不是科学的观念，所以追求科学真理并不具有追求至善的意义。这就是牛顿这样的科学大师信仰宗教的人生原因。

止于至善是人的一种精神境界，是一种"虽不能至，心向往之"的实践过程，是一种向往美好、永不言弃的精神状态。要做到"止于至善"，应该要有自己的格调，有自己的"至善"追求；从点滴小事做起，积少成多，积善成德；在生活中寻找"贤"，作为自己的榜样；养成自我省察的习惯，通过自省和慎独，端正自己的行为；以修身为本，行走在"止于至善"的路上，在学习中成长，在成长中进步。持之以恒，坚持不懈，作为自己终生的目标和追求。

追求善的人，唯一选择，就是循世。人们在行善过程中会得到内心报偿。自然合乎自然，就是至善。人性合乎人性，就是至善。

行善从家入手。救人应急乃人善。冷漠乃行善之敌。舍财取义全凭真心。以善治愚，以德补拙。以善育人，福在将来。小善不为，难以大事。慎独静思方可不二过。尊长爱幼乃常见之善。

善乃万德之源，孝是万善之首。善，即修身律己，即心想他人。暗处行善不求人知，是真善人。心不欲杂，行善则真；心若欲杂，空行百善。

苏霍姆林斯基曾经说："善良的根须和根源，在于建设，在于创造，在于确立生活和美。善良的品格同美有着不可分割的联系。"人，要做善良的人，心灵美，灵魂高贵，这样你才无愧于人，你才作为真正的人在世间生活。

生命的意义在于设身处地替人着想，忧他人之忧，乐他人之乐。追求至善，唤起我们一种难以摧毁的希望，希望世界是光明的，人们是幸福的，人性是单纯的，生命有意义的。

善的源泉在于内心。至善之人优于伟大的人。

高贵，用于描述人时，是指人的人格高尚、尊贵；用于描述物时，是指高雅不俗、珍贵。

不是你出身优越，你就高贵于别人；不是你拥有更多财富，你就高贵于别人；不是你享受着别人的服务，你就高贵于别人。真正的高贵是优于过去的自己，承认过去自己的不足，愿为明天的生活比今天更美好而努力，这才是真正的高贵。

内心高贵，他们区别于他人的，是拥有一张从容不迫的纯正的脸。脸如同一个人的心。林肯说，一个人活到四十岁，就该对自己脸负责。古往今来，那些优秀之人，内心过着严肃生活的人，他们的外表往往是本真的、朴素的。高贵就是超越世俗，不必在意别人的眼光。

一个人的高贵主要在于其内在的精神和气质。精神和气质只能通过后天自我去培养和锤炼，无法通过读几本书，经历几件事就获得，但它却绝大部分来源于其读过的书，走过的路，经历过的事。

年轻人的精神和气质总是处于不停地变化之中，直到有那么一天，他将这个世界看透，建立起自己对于世界和人生的理解。对于人生和世界的理解愈发的坚定，就会免受尘世的各种诱惑，直面人生的各种挫折和困顿。于是你可以在他的眼中看到一种深邃，一种看透一切的深邃。这种深邃犹如钻石般闪耀，显得弥足珍贵，也就形成高贵的气质。

　　让一个人高贵的精神得到彰显的时刻不是万众瞩目的瞬间，而是艰难的困境，只有在困境之中，一个人内心中最本质的东西才得以展现。在那一刻，你是什么样的就是什么样，容不得半点虚假。困境也往往是最容易见人性丑恶的，一个人的高贵和卑劣在此刻一览无遗。

　　高贵的人从来不认为自己高贵，相反高贵者总是深居简出，横行于草莽之间，他们可以大碗地喝酒，嬉笑怒骂，却丝毫难掩其精神的高洁。因为他们都有着自己的信念，他们依照自己的信念而活。

　　高贵优雅细致又不受限制于小节，时时刻刻清楚自己的目标并为之默默努力，知道自己的信仰和在乎的东西。生活有规律，不会被情绪左右，拥有同情心，自制力意志力坚定。最重要的是爱自己，会很好的生活。

　　聪明的女人都懂得，生活中，遇到的事情多半是琐事，不去责备，而是善意地提醒、温柔地交流，那么一切都会迎刃而解，心情也会豁然开朗。不责备别人，反而体现了自己的高贵。

　　高贵的女人，是有气质的女人。气质不是因为长得很美，而是因为心灵很美，从来不会藏污纳垢。干干净净做人，从从容容过日子，气质就自动散发出来了。有气质的女人，即便站在人群之中，也能吸引别人的目光，让人感觉到赏心悦目。

　　高贵的女人，已经摆脱了各种束缚，独自去努力，相信自己，汗水比泪水更加美丽。独立的女人，即便是一个人过日子，即便是被男人抛弃了，依旧不会变得黯淡，走到哪里，都是自带光芒。

　　高贵是文明的核心。真正高贵只存在于内心，任何外在的高贵，只是尊严。高贵除了谦卑，还有优雅、自然、孤独、羞涩、隐忍等的很多特征。高贵不受外境影响，是内心的自由。自由是宝贵的，自然才是高贵的。

　　高贵是一个人的私事。高贵永远不可能通过呼朋引类、拉帮结伙的方式达成。高贵的人，看重虚幻的，却更知道真实。灵魂、情怀、远方，没有一样不真实，却只能独享。

　　崇高与美好，合在一起，就是高贵。高贵很纯粹，也很饱满。高贵很简单，与人无争。

　　高贵是一种情怀，是一个人在精神气质上的富足。高贵之人从不算计，不与人斗，不是斗不过，而是不屑斗。高贵是灵魂的诗意栖居，是一个人的精神风骨和优秀品质。

　　衡量高贵还是低贱，要看他具有什么样的品质。人，不能低下高贵的头。思想的高贵，是玉肌衰颓依旧笑靥如风的深邃。无私奉献是高贵的品质，是世上最美的人。敢作敢为是男人的一种高贵气质。

　　人品使人高贵。

　　纯真，纯洁真挚，多用来形容小孩子或者单纯的小姑娘。在经历过很多事情之后，他依然可以拥有一颗真诚柔软的心，拥有一双清澈明亮的眼睛，依然追求清风明月，依然保留着对美丽事物的感怀，对美好情感的向往，这才是真正的纯真。

　　纯真，纯是单纯的纯，指思想单纯，想到什么就说什么；真是真实的真，指对人对事有一颗真挚的心。意思就是形容人有着单纯的思想、真实的情感，和人交往，没有心机。

　　如果失去了单纯的心、纯真的追求，所谓的人生高度也就只是虚悬的假象，只有保持内心的纯真，才是生命真正的高度。有善良的心，做善良的事，做善良的人，默默地你会觉得你自己很幸福，你的世界和天空都很纯真。

　　如果你特别容易为生活上的一点小事而感到满足就会离纯真越来越近。说白了，真正有纯真的心的人就是一个大傻瓜、大白痴，就是那种被别人捉弄、欺骗也不知道，反而会一直对害他的人感动得说谢谢的人，在他们的世界里，什么人都是好人。

　　纯真是相对的。现在的社会虽然很现实，但是有时候人们的微笑、打招呼却真是纯真的。有时候人们经常会一起打打闹闹、说说笑笑，并不含有什么目的，只要跟着他们乐起来，就会发现这个时候的你就是纯真的。自然了，就纯真了。

　　纯真的心，是经过了生活的洗礼，被生活欺骗后，依然相信生活是美好的，这样的心才是最纯真的。如果没有经过社会的考验，那样只能叫幼稚。

　　生命，原本是纯真的。可是，人却生活得越来越复杂了。许多时候，人不是作为生命在活，而是为了财富、权力、地位、名声而活。这些社会堆积物如遮蔽了生命，把它们看得比生命还重要，听不见生命本身的声音了，更见不到当初的纯真了。

　　人人都能保持生命的纯真，彼此也以纯真的生命相待，这会是一个很好的社会。一个人在精神上足够成熟，能够正视和承受人生的苦难，同时心灵依然纯真，对世界依然怀着儿童般的兴趣，他就是一个智慧的人。由纯真到复杂，再复归成熟的纯真，就是智慧。

　　对于心的境界，一种是丰富的单纯，一种是贫乏的复杂。丰富的单纯是始终保持儿童般的天性单纯，同时，人天性中的各种能力得到充分发展，所以丰富，这是精神上富足的。贫乏的复杂，是些平庸的心灵而又复杂，缺乏精神的内涵。人应该追求内心丰富的单纯的人生，既纯真而又心灵丰富。

　　纯真的一方面是真实，为了真实，一个人也许不得不舍弃很多好的东西：名誉、地位、财产、家庭。但真实又是最容易的，在世界上，唯有它，一个人只要愿意，总能得到和保持。

　　一个人内心生活的隐秘性是内心生活的真实性的保障，从而也是它的存在的保障，内心生活一旦不真实就不复是内心生活了。

　　一个人任何时候，面对他人时，不复能够面对自己的灵魂时，不管他在家庭、社会和一切人际关系中是一个多么"诚实"的人，他自然失去了最根本的真实，即有否面对自己的真实。

　　周国平先生曾说："天赋，才能，眼光，魄力，这一切都还不是伟大，必须加上真实，才成其伟人。真实是一切伟人的共同特征，它源自对人性的真切了解，并由此产生一种面对自己、面对他人的诚实和坦然。精神上的伟人必定是坦诚的，他们足够富有，无须隐瞒自己的欠缺，也足够自尊，不屑于作秀、演戏、不懂装懂来贬低自己。"真实不容易呀！

生活的美，来源于你对生活的热爱；友情的纯真，来源于你对朋友真诚的相待。淡淡时光，纯真的情怀。喜欢纯真的眼睛，那是一泓清澈的泉水，源自洁净，一尘不染；喜欢纯真的笑容，那是一束灿烂的花朵，源自内心，自然清爽；喜欢纯真的心灵，那是一页质洁的信笺，源自善良，质朴无暇。蓦然回首，留给自己的往往是最本质的东西，最纯真的情怀！

做纯真的自己，走幸福的路。

通过分析，我们应该做好：

（一）追求至善应该而且必须成为人生的座右铭

"追求至善"，应该而且必须成为人生的座右铭。如果社会上的人都下定决心依照格言，并且实践，无论做什么事情，都竭尽全力，力求得到尽善尽美的结果，那么，社会将会是很美好的社会。

生活中，很多人总是马马虎虎，轻视自己的工作，用敷衍了事的态度对待自己的工作，这样终其一生，昏昏沉沉，无所作为，终将被社会淘汰。在生活中，工作中，我们在任何地方，任何时候，做任何事情，都必须凭着良心做事，在困难面前勇往直前，多想办法，千方百计把事情做好，追求至善，从中得到心灵的安慰，也树立自己的人格形象。

每做一件事，都按照"至善"的标准要求自己，认真工作，忠实地履行自己的职责，调动自己的全部智力，把手头的工作做得更完善、更迅速、更正确、更专注，并且有所创新，说明我们已经尽力了，体现了自身的价值，也体会了"至善"精神的巨大作用。

养成了追求至善的好习惯，一辈子会感到无穷的满足，其作用是不可估量的。如果一以贯之，终其一生，不懈追求，"至善"之花定会漫山遍野，灿烂满园，将会表现不一样的人生。

至善的人设身处地为他人着想，忧他人之扰，乐他人之乐。至善使人的灵魂变高尚。

至善追求是人生的座右铭。

(二)如何培养高贵的气质

一个人高贵的气质是指一个人内在涵养或修养的外在体现。气质是内在的不自觉的外露，不是表面功夫，而是要不断提高自己的知识，品德修养，不断丰富自己。然而提高自己的气质，不是一两天的工夫，而是要长期培养，潜心修炼。

得体的装扮，优雅的举止，丰富的见识，这些无一不透出高贵的气质和个人魅力。

培养高贵的气质还必须有意识地提高自己的各方面能力，包括应变能力、适应能力、协调能力、组织能力、判断能力、谈判能力、有责任、有效率、有创意等各方面能力。

还要善心，这是最重要的一点。帮助各种弱势群体、同事、朋友、亲人、小动物、过路人、陌生人，尊重领导、长辈等。

高贵的气质也要培养自己的沉稳、细心、胆识、大度、诚信、担当等好习惯，不断修正自己，矫正自己，持之以恒，就会产生心灵美，内心丰富，高贵气质就会自然流露，让人赏心悦目。

(三)人必须追求纯真的人生

人生是一个过程，不是一个点。人生在于过程！生命在于每一天，而这每一天都是唯一的，不可能重复，所以我们应该让自己的每一天，每一分钟都成为美丽和快乐。开心是一天，不开心也是一天，为何不天天开心呢？要开心，关键是要有追求纯真的心态。

自己是自己最好的心理医生，心态的确是一切胜利的法宝，快乐的关键，会化腐朽为神奇，其实，人活着就是一种心态。心态调整好了，蹬着三轮车也可以哼小调；心态调整不好，开着宝马车一样发牢骚。

于无声处听惊雷，于无色处见繁花，保持积极的心态，去迎接、去面对、去拥抱当下的，这就是最好的生活。在岁月的映衬下，永远是一颗纯真的心。成长或许会慢慢褪去我们原本的纯真，偶尔会透漏出一点点的童心，我们不要忘记，我们还是我们！

我们在这快节奏的生活里，追逐时代快速的步伐中，要走走停停，让心能跟得上来，丢掉了原本纯真善良的心，即使到达目的，人生又有何意义。

心灵，是人类最为宝贵的，它决定人的性格。用心灵去倾听大自然，用心去放眼观看大自然的一切，去享受大自然的奥秘和奇妙。走进大自然，用我们最纯真的心灵去聆听大自然吧！让心灵贴近自然，让心灵归于平静，让心灵得到洗礼，在旅行中放飞你遥远而美丽的梦想。多到大自然走一走，会让我们的心静如止水。心灵回归自然，纯真就会自然。

纯真是一种最宝贵的品质，它具有不可逆性，纯真年代是人生最幸福的时光，失去纯真便是堕落的开始。

成熟和纯真并不是相对立的。没有成熟的纯真并不是真正意义上的纯真。当你经历过黑暗和背叛却又能保持纯真，这才是真正的纯真。

保持初心，无关年龄，每个人心中都有一个小孩，那是我们最纯真的时光。

多一份纯真，就多一份岁月静好的沉淀。

十二、理想、现实与实践

　　理想，是对未来事物的美好想象和希望，也比喻对某事物臻于最完善境界的观念。理想是人们在实践过程中形成的、有实现可能性、对未来社会和自身发展的向往和追求，是人们的世界观、人生观和价值观在奋斗目标上的集中体现。理想是满足眼前的物质和精神需求，又憧憬未来的生活目标，期盼满足更高的物质和精神需求。对未来不懈追求，是理想形成的动力和源泉。

　　理想是人的精神现象，是人对未来的探索、向往和追求，即人类不断向未来迈进的动力，它不仅是我们生命的组成部分，而且也是生命存在的价值和意义所在。在所有理想中，唯有艺术理想是不可超越的最高理想，它是生命追求的最完善形式。

　　有了理想，才知道以后的路该怎么走，才不会在这色彩缤纷的世界中迷失自己，一直继续下去，没有停步的理由，在哪儿跌倒就在哪儿爬起来，酸甜苦辣应有尽有，皆因有理想的支撑。我们并不是要从生活中得到什么，而是生活本身对我们的期望是什么，我们才是被生命诘问的人。

　　每一个成功的人都有着对理想的责任感和对人生的使命感，这也是他们能够走向成功的最重要的内因之一，也就是说，想要做最好的自己，就要有清晰的理想和人生目标。理想是引领人生的灯塔；没有理想，就没有坚定的方向；没有方向，就没有充实的生活。

　　理想信念是人的心灵世界的核心。追求远大理想，坚定崇高信念，是成就事业，开创未来的精神支柱和前进动力。如果说社会是大海，人生是小舟，那么理想和信念就是引导的灯塔和推进的风帆。有了理想信念，才能使人生的小舟到达胜利的彼岸。古今中外多少英雄豪杰之所以能在困难重重的条件下，最终成就伟业，一个重要的原因就在于他们胸怀崇高的理想信念，因为具有锲而不舍的动力。

　　人生的理想信念必须在实际生活中，不断地实践，让理想变为现实。现实是理想的基础，理想是未来的现实。在一定的条件下，现实必定要转化为理想。另外，理想可以转化为未来的现实。

　　理想、信仰、爱、善，这些精神价值永远不会以一种看得见的形式存在，它们实现的场所只能是人们的内心世界。正是在这无形之域，有的人生活在光明之中，有的人生活在黑暗之中。

　　精神性的目标只是一个方向，它的实现方式不是在未来某一天变成可见的现实，而是作为方向体现在每一个当下的行为中。也就是说，它永远不会完全实现，又时刻可以正在实现。理想是指那些值得追求的精神价值，例如作为社会理想的道德，人生理想的真善美等，这个意义上的理想是永远不可能完全实现的，否则就不成其为理想了。

　　精神性坐标面向人生整体，一个人有了这样的坐标，虽然也只能实现人生有限的可能性，但其余一切丰富的可能性仍始终存在，成为他的人生的理想背景和意义来源。理智上求真，意志上向善，情感上爱美，三者原是一体，属于同一颗高贵心灵的追求，是从不同角度来描述同一种高尚的精神生活。

　　人，都在奋斗，奋斗的目标则是成功。在这一点上，不分职务所属，地位所处，性格所向，只要是人，都是这样。每个人都要树立一个理想，以它作为前进的动力，在自己选择的道路上走向成功。

　　理想应该是高尚的。我们登山，假使不能登上顶峰，但可以爬上半山腰，这总比待在平地上要好得多，它比在平地上看的风景范围要大得多。如果我们的内心为爱的光辉所照亮，我们面前又有理想，那么就不会有战胜不了的困难。

人有了物质才能生存，人有了理想才谈得上生活。你要知道，生存和生活不同，动物生存，而人则生活。一个人的头上缺少一个指路明灯——理想，那他的生活将会醉生梦死。使人年老的不是岁月，而是理想的失去。人的活动如果没有理想的鼓舞，就会变得空虚而渺小。理想失去了，青春之花也便凋零了，因为理想是青春的光和热。

俞敏洪说："每条河流都有一个梦想：奔向大海。长江、黄河都奔向大海，方式不一样。长江劈山开路，黄河迂回曲折，轨道不一样。但都有一种水的精神。水在奔流的过程中，如果沉淀于泥沙，就永远见不到阳光了。"理想使现实透明，美好的憧憬使生命充实，而人生也就有所寄托，使历史岁月延续于无穷。

现实，指客观存在的事物，合于客观情况。

哲学关注人的生活世界，并不是说它能提供物质生活资料来满足人民的需要。但从更深刻的意义上说，哲学的功用在于为人的生活提供终极意义的支撑，是一种植根于现实生活的终极关怀。

人类活动形式多种多样，可以归结为经济、政治、文化三大基本领域，它们分别满足人类生存和发展的三大基本需要。哲学当然是一种文化，或者说首先是一种文化，并且是文化的核心，它的首要的功能无疑是满足人类生活意义的需要。社会因素的复杂多变，许多人甚至怀疑生活的最终意义，所谓"意义失落""信仰迷茫"是在许多社会成员中存在的精神现象。这说明，生活在社会大变动时期的人们，特别需要哲学的帮助，需要哲学提供现实生活意义的支撑。

哲学决定人的一切思想和行为。每个人都有自己的哲学，也可以从别人的哲学里汲取知识来丰富自己。哲学就是生的意义。丰富哲学，就是丰富生命。

很多事，不是你想，就能做到的。很多东西，不是你要，就能得到的。不要把什么都看得那么重。人生最怕什么都想计较，却又什么都抓不牢。失去的风景，走散的人，等不来的渴望，全都住在缘分的尽头。

何必太执着，该来的自然来，会走的留不住。放开执念，随缘是最好的生活。

人生，哪能事事如意；生活，哪能样样顺心。不和社会较真，因为较不起；不和自己较真，因为伤不起；不和现实较真，因为还要继续。现实的生活不能都如意，都顺心，只有调整自己的心态，看淡一切，心灵充实，心情愉悦，人生永远有梦想，有追求，一切都会好起来，一切都会变得如意和顺心。

现实中，生活就类似于我们自己身上有一架天平，而在这天平上面去衡量善与恶。与此同时，生活，就是知道自己的价值，自己所能做到的，与自己所应该做到的。

人生有两条路，一条需要用心走，叫理想；一条需要用脚走，叫现实。心走得太快，脚会迷路；脚走得太快，人会跌倒；心走得太慢，会苍白了现实；脚走得太慢，梦不会高飞。人生的精彩，是心走得好，脚步也刚好。掌控好自己的心念，让它指挥脚步走正，走好；加快我们的步伐，让理想生出美丽的翅膀！

在现实生活中，我们会真实地感受到生命的不完美。有的人有了美貌却得不到幸福，有了金钱却失去了亲情，实现了梦想却失去了健康，拥有了荣誉却觉得活得很累。所以人生里有得必有失，不能求全责备，月圆月缺都是生命最美的画卷。

忙碌是一种幸福，让我们没有时间体会痛苦；奔波是一种快乐，让我们真实的感受生活；疲惫是一种享受，让我们无暇空虚；坎坷是一种经历，让我们真切地理解人生。用微笑去面对现实，用心去感悟人生的精彩。

人生只是一个或长或短的过程，在这个过程里我们一天天缩短生命的距离，我们只有用宽容与爱心去拉长生命的每一天，学会并懂得去面对现实生活，去面对每一个给予我痛苦与快乐的时刻，丰富着人生的每一天。

人生最大的感悟，逃避现实毫无意义。必须面对现实，直面问题，超越自我，才是王道，人间正道是沧桑，总比虚度光阴好。

吉鸿昌说过："路是脚踏出来的，历史是人写出来的，人的每一步行动都在书写自己的历史。"人生最精彩的不是实现梦想的瞬间，而是坚持的过程。理想，是我们一步一个脚印踩出来的坎坷道路。

在现实生活中，每一次的经历，都会是一次成长。

人生伟业，在于能行。

实践就是人们能动地改造和探索现实世界一切客观物质的社会性活动。实践具有客观性、能动性和社会历史性等基本特征。

实践包括三个方面基本内容：生产实践，为满足人类生活而改造客观世界的客观性活动；处理社会关系的实践，调整和改革人与人之间社会关系的社会性活动；科学实践，科学地探索宇宙间普遍规律的有目的的能动性实践活动。

人是人的客观存在，人本身是物质的，也是具有特定意识体存在的客观物质。人类是宇宙之海卷起的一朵浪花。太阳和地球就如同巨大的齿轮，它是人类活力的源泉。从广义上说，只要你活着，实践就在进行中。所有的实践活动都不是孤立的，而出人意料的实践结果，正是打开新世界大门的一把金钥匙。

实践是世界和万物的创造者，没有实践就没有我们生活在其中的现实世界，就没有实践创造的城市、农村、山川、田野和万物，就没有在实践中得到生存和发展的主体，实践不仅创造出新的客体，而且创造出新的主体。全部人类历史是由人们的实践活动构成的。人自身和人的认识都是在实践的基础上产生和发展的。

实践是人类社会的基础，是一切社会现象最后的根源。人通过实践活动把握物质世界，又通过实践活动改造物质世界，并改造人自己。实践是社会生活的本质，社会是实践的产物和过程。实践是人类存在的基本方式；实践创造了人的基本特征；实践构成了社会关系系统；实践形成了社会生活的基本领域；实践成了社会发展的动力。了解了实践在人类社会发展中的这些地位和作用，使我们正确地认识到，没有实践就没有人类和人类社会，就没有人类的延续和社会的发展，实践创造了一个全新的世界。

实践是认识的基础，认识依赖于实践，实践对认识起决定作用。认识对实践具有反作用，正确的认识对实践具有促进作用，错误的认识对实践具有阻碍作用。同时，实践是检验认识及其真理的标准。

实践首先不是作为一种工具，作为实现人的全面与自由发展的手段而存在，相反它本身就是价值尺度或标准。因为"人的全面而自由发展"本质上就是人的实践活动的全面与自由发展，"人的全面与自由发展"体现和存在于人的实践活动之中。因此，关注特定时期人的实践活动及其生存状况就是体现和实现"人的全面而自由发展"的中间环节。

社会实践活动是我们成功路上的垫脚石，对于我们今后的工作和发展有非常大的积极带动作用，因为它能让我们更好地在实践中发掘真理，更好地在实践中了解情况，更好地在实践中服务社会，更好地在实践中检验自我，突破自我，更好地在实践中实现自身的人生价值。

"艰辛知人生，实践长才干"，"纸上得来终觉浅，绝知此事要躬行"。这些鼓舞人心的话语并不是单纯的口号，也不是无意识的呐喊，相反，我们应该把它们作为自己的座右铭，脚踏实地地实践它。

再好的构想没有经过实践，终究会成为没有的东西。理论是不结果实的花，尽管它姹紫嫣红，十分美丽，却不会结果。而实践则是结果的一切必须的条件，它像阳光、空气、土壤一般，构想的种子没有了实践，是不可能萌芽的。所谓"实践出真知"，科学的道理就蕴藏在不断的实践中。

德国小说家格里美尔斯豪森说过："没有教养、没有学识、没有实践的人的心灵好比一块田地，这块田地即使天生肥沃，但倘若不经耕耘和播种，也是结不出果实来的。"认识是珍宝，但实践是得到它的钥匙。

通过分析，我们觉得：

（一）理想、现实与实践是互为辩证的统一整体

理想、现实与实践各不相同。理想是由于人的主观能动性、感觉选择等所产生的灵魂生活的寄托；现实是不以人的意志为转移的自然存在着的宇宙的一切；实践是人以理想为目标，奋斗在现实世界中，由于理想与现实的不完全重合，因而形成了各人不同的实践。可见，理想、现实与实践是各不相同的。

理想、现实与实践又相互联系，互为辩证形成统一的整体。

理想来源于现实，又高于现实，为现实指引方向，是坐标，理想又要适合于现实，切合实际。理想要在现实中变为理想的现实，并且要在现实中实践，检验理想的意义和变为现实。

现实是人们生活的实际，需要有理想的引领，变革现实，来提高生活的层次。现实实现理想的蓝图只能靠实践来实现。实践可以说是现实与理想之间反馈、沟通和实现的桥梁或中间环节。

实践是现实情况及其信息反映给理想，理想为此综合做出计划，形成思路，就是理想；理想的计划及实施方案交由实践在现实中行动，在现实的行动中把理想蓝图变为理想的现实。

理想、现实和实践既相互区别又相互联系，互为辩证构成统一的整体。人有理想，必须在现实中，通过实践，在现实中把理想蓝图变成新的现实。现实是产生理想的基础，又是理想实现的去向，而实现的中介必须是实践。实践不仅是理想和现实的中介，同时又是理想实现的检验标准，也是现实实现理想的动力。要造就出彩的人生，应该而且必须把握好理想、现实与实践的辩证关系。

（二）理性地对待现实

生活中，我们经常会为现实的一切而莫名的担忧，担忧灾难，担忧人生路上的各种困难，实际上你所担忧的这些都是你内心上的想象而已。其实，这个世界不是伊甸园，生活本来就是五彩缤纷，气象万千，

不是一潭死水，困难、挫折和不如意是家常便饭，为人生增加了变数，也为人生增添了无数的色彩。如果你能理性地看待现实的生活，能够坦然接受人生本来就充满了无数的磨难这个事实，对未来的人生就会充满信心。

现实生活的美丽、困难和危机这些问题从人类社会出现起就已经切实地存在了，并且在未来也不会消失掉。关键是我们要怎么样看待这些问题，并且采取什么相应的态度和办法，我们不必过分地担忧这些，要积极坦然地接受它。

生命就在你的生活里，就在今天的每时每刻中。生命只在今天，最主要的是欣赏自己眼前的每一点进步，享受每一天的阳光。

事实上，我们今天已经比我们祖先那时要进步、文明、发展得多，这是人们努力的结果。请记住，对现实世界的善意的关切是健康的，并且也是有益的，因为它可以促进你做一些有实际意义的工作。但是过度地对现实的关切则是不符合理性的，因为它会带给你焦虑和沮丧，进而丧失改变现实的信心。很多时候，心中的任何"困难"，最为可怕的并不在于困难本身，而在于你将它的严重性过分地扩大了，而被困难所吓倒。

同样的石头，愿意忍受苦难的终成受人敬仰的佛像；忍受不了痛苦的只能成为受人践踏的铺路石。人同样的道理，要发展须经磨难。为此，对人生要有理性的认识，怀有平和的心态，坦然面对人生路上的苦难，坦然面对现实与未来，你就会拥有快乐、丰富和幸福的人生。

（三）实践是人生进步的阶梯

荀子曾说过："不登高山，不知天之高也；不临深谷，不知地之厚也"。是说要想了解"天之高""地之厚"，必须"登高山""临深溪"。"不登""不临"是无法了解"天""地"的情况的。人们要想获得真正的知识，要想拓展更加美好的明天，必须重视和积极参与社会实践。

理想和信念来源于实践，理想和信念必将落实于实践，在实践中创造理想的新的现实，为改变世界贡献自己的聪明才智，服务于社会。曾经有一位医生主持了一项十分著名的医学实验，这个试验如果成功，困扰着人类一千多年，同时曾经夺走了无数人生命的病魔——天花终将被人类所征服，这位医生就是举世闻名的爱德华·琴纳。他大学毕业之后就到乡村进行实践工作，近 20 年的时间里，他一边行医一边经常到奶牛场，仔细观察奶牛牛痘，牛痘又怎样感染到人的身上，人感染了牛痘之后又有哪些症状。他先在动物身上进行接种牛痘，再接种天花，实验成功。尔后又在一个小男孩身上实验，结果又是安然无恙。自此，人们终于发现了预防天花的方法了。

俗语说：十年磨一剑。漫长时间的实践才能造就成功。在近 20 年的漫长岁月中，琴纳经过反反复复的实验研究，实践，坚持不懈，最后终于取得天花接种这项具有划时代意义的突破。

实践是每个人人生中碰到千万次的活动，其实，人生是实践的人生，实践组成了人的一生。实践对于人生的变化发展起着重要的作用。实践实现理想。实践改变现实。实践创造未来。实践造就人生。

实践是人生进步的阶梯。

后　记

十多年的心愿总算落地，心情也轻松点。

人生问题，人类每个人、每个时候、不管在什么地方都在实践之，它永远伴随着人类的喜怒哀乐。

书的内容，很多是"鸡汤成分"，怎样调料，口味各异，不尽如人意。只因水平有限，心有余而力不足。

书中的素材有部分来自网络或有关书籍。作为素材，文字本身也是素材，这很正常。关键在于能否在已有的素材基础上提出不同的观点，或者整合为新的见解，不可能不必要事事从零开始。创作本书时，引用、参照、参考有关文章，借此机会，向作者和有关单位，特表叩谢！

互联网的出现，改变了学习的定义，属于记忆、资料部分，上下五千年，网上随时可以查到，关键在于习，还是自己的事。也因此读书的人少了，这本书与读者见面，如能一些人在休闲时翻翻，三五个人足矣，也算对自己古稀之人的自我安慰。

《人生辩证法之浅谈》的成书过程，得到了热心的同志道义上的开导与支持，精神上的鼓励，以及家人的理解和全力配合，谨此表示忠心的谢意！线装书局的鼎力支持，也一并表示深深的敬意！

苏维迎于福建泉州

2021 年 6 月